口超下飯

檸檬料理

80道停不了口的
澎湃好味道

維多利亞、樂活廚房◎著

魔法般的檸檬冰塊美味料理

數年前曾在部落格中分享一篇《我愛檸檬》的小文，當時引起許多網友的迴響，才知道原來周遭許多朋友都是「檸檬迷」！

到底迷戀檸檬甚麼呢？

迷戀它散發的天然清香，迷戀它入口時的酸溜醒神，迷戀它應用於料理時，猶如四兩撥千斤，化濃膩、解羶腥於無形。於是，以之為飲、以之入食，從嗅覺、從味覺，想方設法流連於檸檬之美。更甚者，啥也不做，買來一袋沉甸甸的檸檬，散放於居家空間，走到哪，便隨意抓起嗅嗅，醒腦乎！宜人乎！想到檸檬，總不自覺分泌唾液，印象裡酸到令人皺眉瞇眼的檸檬，其實屬於鹼性食物，對於健康的增進，已有眾多學理證實，本書透過深入淺出的編寫，令讀者在輕鬆閱讀中進一步理解檸檬的好處。

此次接受出版社邀請，擔任食譜設計、製作與拍攝的工作，對於既是「檸檬迷」，又愛做菜的我而言，簡直如魚得水。自從與編輯商談企劃到討論菜

料理作家

維多利亞

色後，進入打草稿及實際烹調與拍攝工作，乃至於後期圖檔整理、潤稿等工作，過程雖費力傷神，心情卻始終愉快，或可歸功於與檸檬朝夕相處所獲得的神秘力量吧！

一年二十四個節氣，節氣走到哪，順時而生的蔬果，總來得天然健康。檸檬亦若是，即便一年四季都可採收，但「春花夏果」比起「冬花春果」的價格，價差可達十倍之多。站在消費者的角度，當然要盡量利用檸檬盛產的夏季，多加購買。鮮食之外，更可利用榨汁、冷凍保存的方式，延長檸檬的賞味期。

冰箱裡，若能常備檸檬冰塊，好處的確多多。現代人工作忙碌，檸檬雖耐放，但一袋買下來，要趁鮮一口氣要用完也頗有難度，久放的檸檬其風味多少也會變質。因此花點時間榨取檸檬原汁，分裝於保鮮盒，平日做菜或調製飲品，敲一兩塊下來，省時又省力，一年到頭都能享用檸檬的美好。

日常飲食如能善加利用檸檬，一天一杯，即能減少過多含糖飲料的攝取，長期下來，對於改善體質也相當有助益，如有餘裕，讀者不妨將書中收錄三十種風味獨具的檸檬飲料，全都試過一遍，找出幾種最喜歡的，編入家常飲品清單，為自己也為親愛的家人找回健康。

除了調製飲品，檸檬入菜，對於提味解膩與豐富滋味，多有畫龍點睛之效。在設計食譜時，以美味與健康為前提，菜色大至分類為醬料、涼拌菜、主食、主菜、湯品與甜點，分量上與製作過程則以小家庭人口數，以及廚房新手容易操作為主。希望讀者透過圖文相輔的食譜解說，輕鬆完成每一道健康可口的檸檬料理。

很開心這本兼具知識性與實用度的《檸檬冰塊的美味料理奇蹟！1天2顆！甦回健康力》終於清新上市，煮婦願與所有迷戀檸檬香的朋友們分享。

多重驚人功效的檸檬

國泰綜合醫院．羅悅伶 營養師

接受過關於各種食物的訪問，當然也少不了檸檬，檸檬汁更是一直相當熱門的話題，因為養生、減肥、美容、抗癌、抗氧化、抗老、預防感冒、心血管與慢性疾病等話題總少不了它。

小小一個檸檬就有多重驚人的功效，能改善酸性體質、預防心血管疾病、活化腦力、改善骨質疏鬆、美白、促進新陳代謝、調節血液循環的六大好處，還具有調節身體十大系統，包括循環、消化、呼吸、運動、神經、皮膚、泌尿、生殖、內分泌及免疫系統機能的作用，維持心血管健康、改善便祕、降低膽固醇、抗發炎、預防泌尿道感染等功效。

檸檬屬於水果類，口感酸，卻含有豐富的膳食纖維、檸檬酸、維生素C、鈣、鉀、B_1、B_2、B_6、E、鋅、鐵、磷等營養素。尤其是一般人忽略的白皮層，其所含的總纖維、水溶性與非水溶性纖維都高於果肉，能促進腸胃蠕動，緩解便秘，協助膽固醇與有害物質快速排出體外，改善腸道菌相。

果肉中所含的檸檬酸具有抑菌作用、防止色素沉澱，抑制鈣鹽結晶，預防腎結石，廣泛使用在食品與保養品上。另外大家最熟悉的維生素C更具有抗氧化、預防自由基傷害，延緩老化美白、提高抵抗力、促

進膠原蛋白合成，維持皮膚彈性等功效。

有人說這些營養素都可以從保健食品中補充，只要吃幾顆就可以全部都補充到了，為什麼要從天然的食物—檸檬中攝取呢？天然的檸檬和補充保健食品的最大的差異，在於天然的植物化學成分—植化素。

植化素具有三大特色：抗氧化力、免疫力與解毒力。

檸檬從裡到外好處多多，連皮都不能放過，因為檸檬果皮才是擁有最精華營養素的部分，含有最具抗氧化力的植化素——檸檬多酚，其中又以類黃酮含量最高。

檸檬中最具抗氧化力的類黃酮，抗氧化能力是維生素E的50倍，維生素C的20倍，能清除自由基、預防癌症、保持血管彈性、預防心血管疾病、抗菌等功效。

本書利用深入淺出的方式，列出檸檬所含的營養成分與功效，內容相當豐富，更貼心提醒喝檸檬汁需注意事項。像是檸檬要整顆攝取最營養；加水稀釋才健康，避免過度調味或添加，好東西也是需要適量攝取的，過與不及都不好。

有沒有疾病限制，誰不能喝？胃發炎的人，避免高濃度未稀釋過酸的檸檬汁；糖尿病患者別添加過多蜂蜜或糖，易造成血糖過高……等。健康又安心的攝取檸檬所帶來的能量。

檸檬水之所以大受歡迎，原因不外乎方便，對於忙碌的現代人來說尤其重要，因為「只要切片放入水中就可以喝了」，作法簡單，食用方便，容易每天持續。大家都知道檸檬對身體健康有益，但是要怎麼吃才能持之以恆！不是偶爾吃而是要天天吃，同樣的東西吃久了會膩，每天喝檸檬水，連續喝一個月喝到都想吐了，怎麼持續呢？檸檬一次買一袋，越放越不新鮮，皮都皺了，維生素C隨著時間快速流失，怎麼留住營養呢？檸檬苦澀的口感讓人不敢恭維！

檸檬冰塊，提供了非常便利的方法，即使怕麻煩、怕酸、怕苦的人，都能輕鬆地享受到具檸檬風味的料理。做成冰塊後，檸檬保留原有的酸味，少了苦味，同時也保留住整顆檸檬的營養精華。

簡單用，輕鬆取，本書介紹的檸檬冰塊方便、省時、還能混搭多種料理方式，運用在正餐主食、沙拉、飲品、湯品、甜點等變化出多樣的美味食譜，讓你簡單準備，快速料理，兼顧美味與營養又能輕鬆上菜。

實用性高，食譜豐富多種、查閱方便，推薦給想輕鬆享受美食，維持健康美麗的讀者。

手上的檸檬，千萬別讓它等到枯黃，快取汁製成冰塊吧！

每天早上的第一杯元氣水，加二顆冰塊，再出發吧！

有效促進**腸道清潔、預防癌症、降三高**的魔法水果～**檸檬**

嘉義長庚紀念醫院
許美雅 資深專業營養師

檸檬真是世界最具有神奇功效的水果之一。

小小一顆檸檬，從外皮到果肉、果汁都是能幫助健康的天然食材，更是不可或缺的美容聖品。檸檬中含有豐富的維生素B_1、B_2、B_3、C與礦物質鈣、鉀及各種植化素、水溶性與非水溶性膳食纖維，這些營養素不僅參與身體的新陳代謝，對皮膚美白、腸道清潔、促進體內毒素的排除等都有很大的助益。

當癌症發生率越來越高，肥胖成為世界衛生組織最重視的健康議題時，我們也該正視身體發出的健康警訊，觀察排便情形、注意體重變化、避免過度食用肉類造成容易罹患疾病的酸性體質。雖然檸檬吃起來很酸，但經過消化系統代謝後卻是非常好的鹼性食品，當身體呈現鹼性體質時，能避免抵抗力降低、容易疲倦且減少疾病的發生。

檸檬具有很高的抗氧化能力，更是眾所皆知。豐富的維生素B群與C，讓皮膚有彈性、美白、淡斑、抗老化等，這些功效都是讓女性在身體美容與皮膚保養上最好用的天然聖品。

而且檸檬不僅僅是可食用的水果而已，在居家清潔與衣物保養上，也是有很好的清潔效果，與蘇打粉一樣都是天然清潔劑的一員。在食安問題嚴重、重視環保與愛護地球的理念下，利用大自然提供具有氣味芬芳的超好用的清潔劑『檸檬』，並善用書裡介紹的各種清潔使用方式，讓主婦們在家裡的各個角落，輕輕鬆鬆的抗菌、除臭、去污，不但用得放心也讓家人安心。

吃檸檬好處多多，但每次要食用時都要一顆顆的清洗與處理，對忙碌的現在人來說是有點麻煩，也會占用許多時間，這時運用本書介紹的幾種簡易方式，跟著幾個簡單的步驟，將一顆顆檸檬處理好製作成冰塊，更是能減少每次處理的麻煩，也同時延長檸檬的保存時間，且增加檸檬的使用性，真的是非常實用方便的『檸檬書』。

你，今天吃檸檬了嗎？

Contents

1天2顆！鹼回健康力

檸檬冰塊的美味料理奇蹟

檸檬冰塊健康飲，保健又美肌

Chapter 4
檸檬冰塊健康美味的魔法料理

Chapter 5

徹底活用！檸檬妙用無窮

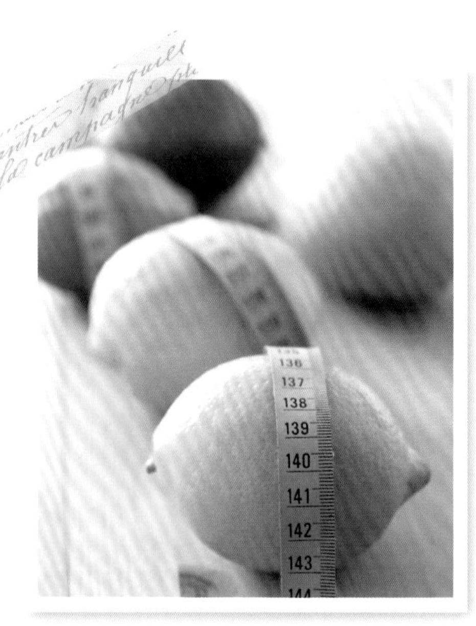

檸檬！啟動身體的十大機能

散發出獨特迷人香氣的檸檬，蘊藏著豐富的營養素和纖維質，是大自然給予生活中最天然的養身食材與防腐劑。它能調節身體的酸鹼值平衡，有效促進新陳代謝，還能成為生活中的調味與美容大師。

一顆檸檬，我們不斷從它身上發現驚喜。

哇！
超神奇！

檸檬健康・美肌祕密

檸檬，近年成為健康、排毒飲食的熱搜關鍵字！因含有大量檸檬酸，能促進碳水化合物代謝轉化成能量，使人體的新陳代謝提升、延緩老化，保持肌膚彈性。

素有「檸檬酸倉庫」之稱的檸檬，是具有抗氧化作用很強的鹼性食物，可幫助現代人對抗因生活習慣、壓力所造成的酸性體質。

檸檬也是世界上最有藥用價值的水果之一。其果皮、果肉都極具療效，不僅能祛暑、生津止渴，還可抑咳化痰、消除脹氣。在古代醫書裡，有「黎檬子」、「藥果」之稱號。

經現代醫學發現，小小的檸檬，竟含高達二十多種的防癌化合物。這也讓國內外不少營養管理專家紛紛建議，每天早飲一杯不加糖的溫檸檬水，來啟動身體的機能，對於美麗和健康，檸檬似乎成了全能之果。

抗老、排毒檸檬全方位

攤開檸檬的營養成分一覽表，除了大家所熟知具抗氧化、美白的「美膚聖品」維生素C之外，還含有豐富維生素B1、B2、鉀、鈣、鎂、磷、膳食纖維……等具有維持人體新陳代謝作用的營養素。

尤其在檸檬果皮上，含有更大量的生理活性物質及具排毒作用植化素的類黃酮，能增進胰島素敏感性、預防高血壓及發炎情形。整顆檸檬從外到內，每一層都能發現抗老、淨化毒素的驚喜。

TIPS

檸檬，保留整顆更營養

榨汁後的檸檬汁，90%是水分，剩餘的10%才是維生素和礦物質。因此強烈建議，最好整顆檸檬一起吃，以吸收更多的維生素、檸檬素和抗氧化酵素。

檸檬皮→抗氧．降三高

我們經常忽略的檸檬皮，卻是整顆檸檬精華的部分，除了果皮油胞層中含有大量的精油外，同時還含有類黃酮、檸檬多酚及其他多種植化素。其中備受矚目的多酚類及維生素P，對預防動脈硬化，改善高血壓及心肌梗塞症狀等有緩解效用。

其它同屬於類黃酮素家族，如聖草次苷（Eriocitrin）、香葉木苷（Diosmin）、橙皮苷（Hesperidin）等，具有增加肝臟解毒酵素的活化性，用來幫助身體排出毒素，有助於降低三酸甘油酯、膽固醇與加速脂肪代謝。長期食用，就能預防高血壓，高血脂，高血糖的三高發生，也容易養成自癒力十足且易瘦體質。

淡黃果肉→免疫力大提升

一切開檸檬，大量的酸完全釋放開來。熟知的維生素C、維生素B群及其它礦物質、檸檬酸（Citric Acid）等，大都儲存在果肉裡。每天一杯溫熱的檸檬水，對提高人體的免疫力、預防感冒都很有助益；經常攝取，在預防慢性病的同時也在改善身體健哦！

白皮層→強化肝臟解毒力

檸檬會略帶苦味，主要就是來自於本身的檸檬苦素（Limonin）成分。這苦味，普遍存於柑橘類的白皮層、外果種籽之中，具有抗炎、鎮痛；強化肝臟解毒力及對抗癌細胞的生長。

白皮層中還含有30％屬於可溶性膳食纖維的「果膠」成分，能舒緩便祕，對脂肪、膽固醇排出都有幫助哦！想要獲得健康全飲食，就別忘了要連皮一起食用哦！

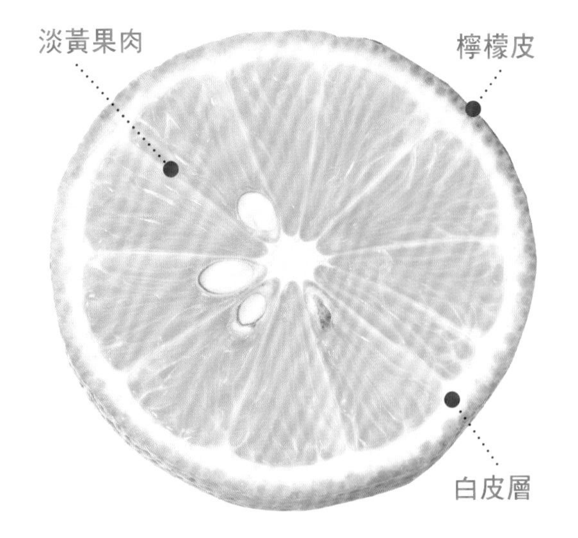

TIPS

檸檬の科學小檔案

- 學名：Citrus limon
- 芸香科柑橘屬，常綠小喬木，適合種植在排水良好的砂質壤土。
- 品種繁多，主要以嫁接法繁殖，盛產於夏、秋兩季。
- 一顆中型檸檬約100公克，熱量約30大卡，有45mg的維生素C。
- 一天2顆檸檬，就能充分攝取所需的維生素C。
- 檸檬皮有油腺，以冷壓法可從果皮萃取出檸檬精油。

神奇制癌成分大解碼！！

整顆檸檬，經研究發現，無論是果肉還是果皮，適量的攝取有抑制誘發癌細胞發生；預防心血管、腸胃疾病，同時抑菌。因此從食品、保養品到民生清潔用品中，處處可見檸檬存在的能量。甚至運用在烹調上也有增鮮、去腥的作用。檸檬為何能這麼神奇？我們快來瞭解檸檬不可思議的成分吧！

✤檸檬烯（Limonene）

又稱檸檬酸烯，帶點清香甜味，存在於柑橘類的果皮中，是萃取檸檬精油的重要成分之一，常做為安神，抗焦慮等芳療用途。

✤檸檬醛（Citral）

檸檬香氣的主要來源之一，同樣存在於柑橘類果皮中，能減少呼吸道黏膜分泌物的黏稠性，達到鎮咳祛痰功效。

✤黃酮醇（Flavonol）

具有強大的抗氧化力，是生物類黃酮的一種，能清除自由基，避免血管病變，並抑制癌細胞分裂，預防癌症發生。

✤檸檬素（Citrin）

與維生素C合併使用，能發揮相互助效用，強化彼此的功能，有抗發炎，防止瘀傷出血，增強對傳染病抵抗力的功能。

✤蘆丁（Rutin）

同屬生物類黃酮，大量存在於果皮上，可改善靜脈水腫，促進血液循環，同時具有抗氧化力、抗發炎之功效。

✤橙皮苷（Hesperidin）

又稱檸檬黃素或陳皮苷。可促進中性脂肪代謝；預防肥胖、降低血壓、血糖和血脂，並減少過敏的發生。

✤聖草次苷（Eriocitrin）

保護肝臟，有益降低脂肪肝。

✤香葉木苷（Diosmin）

能幫助血管保有彈性，防止血栓與減少靜脈曲張。

✤檸檬苦素（Limonin）

存在於自果皮和種子中，是苦味主要來源，又稱為黃柏內酯或檸檬內酯，也是檸檬珍貴的植化素之一，它可增加肝臟的解毒酵素，抑制腫瘤，尤其是化學物質所引起的口腔癌、皮膚癌、肝癌、腸癌、乳癌、胰腺癌等；兼具抗氧化和抗菌性。

膳食纖維（Dietary fiber）

分水溶性和非水溶性，集中於白皮層和果肉間，能促進腸胃蠕動幫助消化，將有害物質順利排出體外。

檸檬酸（Citric Acid）

一種常見的有機酸，又稱枸櫞酸，是柑橘類水果中所產生的天然防腐劑。主要可用來抑制食慾、幫助消化、提高鈣的吸收率；還能減輕疲勞、預防多餘的醣類合成脂肪及減少泌尿系統發生結石的機會。此外，它也經常出現在食品與保養品上，用途可是很廣的哦！

維生素 B_1、B_2、B_3

為水溶性維生素，集中於果肉之中，主要參與葡萄糖的代謝，促進腸胃蠕動、提升食慾，還可保護神經系統，有助於心血管、神經傳導和大腦機能的運作，使身體維持活力，也能促進皮膚、毛髮、指甲的健康哦！

維生素C

具有很好的抗氧化用，對養顏、美白、減少黑色素沉澱有很大的助益，能防癌，預防心血管疾病和提升免疫力，是最受歡迎的維生素。

維生素E

為天然的抗氧化劑，有效提高記憶力、延緩細胞老化，消除體內自由基。因有助於女性提高生育率，所以又有「生育酚」之稱。

鈣（Ca）

檸檬不但有鈣，其檸檬酸和鈣結合後，會讓鈣更容易被人體吸收，對於失眠及情緒煩躁也可獲得改善，最重要的是對人體的骨骼密度大有裨益，有效預防骨質疏鬆。

鉀（K）

高量的鉀有利於將體內多餘水分和尿酸的排出，減少痛風及高尿酸血症的發生。這也是檸檬水可用來消水腫兼顧美白肌膚的重要原因了。

每 100 公克檸檬汁之主要的營養成份如下：

成分	熱量	纖維（克）	維生素 C（毫克）	水分（克）	鈣（毫克）	磷（毫克）	鐵（毫克）	B1（毫克）	B2（毫克）	灰分（克）	鉀（毫克）	鎂（毫克）	維生素 E（毫克）
量	30Kacl	2.8	53	91	50	23	0.2	0.6	0.02	0.3	120	8	0.15

註：灰分，也稱微量礦物質

TIPS

檸檬の人文小檔案

- 2500 年前，原產於印度南部、緬甸及中國，屬於熱帶水果。
- 約在元朝傳入中國，古代醫書稱之為「黎檬子」。
- 是希伯來人和古希臘人舉辦婚禮或祭祀的必備水果。
- 由阿拉伯人傳入歐洲，後來解決了水手遠洋航海的壞血病問題。
- 由哥倫布傳入美洲之後，美洲大陸便廣泛種植。
- 主要生產國：包括印度、墨西哥、阿根廷、中國、巴西。

檸檬啟動身體好處多

根據健康研究報告，檸檬含有豐富的類黃酮化合物、檸檬醛及易於被人體利用的水溶性膳養纖維及維生素 C，能幫助身體提高免疫力，進而減少癌細胞的活力。

許多營養專家也建議，每天一杯稀釋過的溫檸檬水，對身體有很大的貢獻外，能啟動身體的淨化機能，促使代謝加速，將不好的有毒物質排出體外，對現代的忙碌的人而言，檸檬，是絕不能錯過健康優質產品。

好處1

把健康「鹼」回來！

檸檬的酸，光提起，就會使唾液分泌增加，整個人的精神有活力起來。檸檬的酸鹼值約為 pH2.4，因為酸，讓許多人認為檸檬是高酸性食物，其實檸檬經消化代謝後，就成了對人體好的鹼性食物。

酸性食物，通常指高脂肪及低纖維的食物，像是肉類及精製的穀麥……一但人體食用過多的酸性食物時，就容易使血液中酸鹼值不平衡，適時的補充鹼性食物，可以幫助平衡酸鹼質。尤其是三餐老是在外的工作族，一天一杯檸檬水，可以幫你把健康「鹼」回來！

好處2

預防感冒，增強抵抗力

季節一變化，壓力一來，人體的抵抗力就會變差，此時很容易被病毒感染。要預防感冒，平常就要養成多喝水，來促進新代謝。

檸檬的維他命C有抗發炎和抑菌的效果。加了檸檬的加味水，可以提高喝水率，將病毒快快帶走外，還能緩解喉嚨發炎，止咳化痰及感冒帶來的不舒服等症狀。另外，檸檬中還含有一種名叫皂苷的物質，同樣具有對抗細菌、預防感冒、增強低抗力，幫助打造健康好體質。

好處3 預防心血管疾病

檸檬皮含檸檬皮質素及類黃酮物質，能消油去脂、降低膽固醇，檸檬也有人體「清道夫」之稱，能淨化體質，減少血管栓塞的發生，同時改善心血管疾病，還能降血糖哦！

好處4 活化腦力，改善骨質疏鬆

檸檬中所含可以對抗體內氧化的維化他命C和檸檬酸，能提高人體對鈣的吸收率，增加骨密度，幫我們存骨本，延緩骨質疏鬆。加上維他命E加入，更有助於強化記憶力，提高反應力與靈活力。

好處5 防止色素沈澱，促進新陳代謝

維他命C豐富的檸檬，一直是美容聖品的最愛，能潔膚、淡斑，減少皺紋的產生，令肌膚維持好氣色。而所含的膳食纖維和維生素B群，更可促進腸胃蠕動，加速新陳代謝，解決便秘之苦，達到體內做環保。

好處6 預防暈眩，防止經濟艙症

日本科學家認為，長途搭機或開車者，容易因長時間維持同一個姿勢，導致下肢血液鬱積，加上飲水不足，產生深靜脈栓塞的情形，引起所謂的「經濟艙症候群」。檸檬酸與檸檬多酚，能調整血液循環，其芳香氣味，也能舒緩血液循環不好所帶來的暈眩及疲勞哦！

讓身體十大系統機能 UP！

大量的維生素和礦物質，是維持身體健康的重要元素。一杯溫開水加上半顆檸檬，就能使人體的循環、消化、呼吸、運動、神經、皮膚、泌尿、生殖、內分泌、免疫等十大系統發揮正向的提升力，讓人不得不佩服檸檬的健康力。

【循環系統】維持心血管健康！

好處多多的檸檬，其抗氧化力在水果界中名列前茅，大量的檸檬酸和檸檬多酚，能有效預防深靜脈栓塞、調整血液循環、預防血管硬化，經常食用能使體質逐漸趨於鹼性，對血液淨化、降低血凝塊的機會大有助益。包括心肌肥大、心肌梗塞等心臟疾病也能大幅縮減。

常吃檸檬，不僅降低動脈發生粥狀硬化的可能性，所含的檸檬多酚，能促進血中膽固醇、三酸甘油酯的代謝，把沉積在血管壁的壞膽固醇（LDL，低密度脂蛋白膽固醇）加以清除，讓血管保持彈性，降低管壁硬化和堵塞的機率，自然就不容易罹患高血壓、高血脂和腦中風。

而像是生物類黃酮，對血管有特殊作用，除了使循環暢通、避免水腫外，還能增進血管彈性，避免病變或出血。豐富的橙皮苷，可稱為預防心血管慢性病的絕佳幫手。

【消化系統】

助消化、解脹氣！

檸檬又稱「人體的清道夫」，有助於調節腸胃內環境。衛生福利部建議，成年人每天最好攝取25至35公克的膳食纖維。

通常國人的實際攝取量卻只有一半。膳食纖維無法被人體腸道的酵素所分解、吸收，卻能增加糞便量、刺激腸道蠕動，讓飲食過度精緻又缺乏運動的現代人免受便祕之苦；還能縮短有毒物質停留在腸道的時間，等於降低癌變的發生率。

檸檬的果肉裡有大量膳食纖維，可促進腸胃蠕動，經科學分析，100公克的檸檬果肉約有2.8公克的膳食纖維，如果整顆連皮吃更豐富；尤其白皮層含有大量可溶性膳食纖維的果膠，能降低血液中的膽固醇，改變大腸裡的菌相，能讓好菌增加、壞菌減少。

檸檬對抑制各種原因引起的噁心都有神效，無論是孕吐、暈車、暈船，或感冒引起的頭暈、想吐，只要少許檸檬汁，甚至檸檬香氣，都能消除噁心感。

建議每天早晨喝一杯溫的淡檸檬汁，惱人的消化不良、脹氣、便秘等問題就會迎刃而解。

【呼吸系統】

祛痰、止咳、預防感冒

在宋朝蘇軾所著的《東坡志林》、明朝方以智的《通雅》、清朝吳震方的《嶺南雜記》及屈大均的《廣東新語》等諸多書籍裡，都曾以「黎檬」、「黎檬子」、「宜母果」或「藥果」等別名記載著檸檬的功用。

檸檬果實酸中帶甘，屬平性微溫的水果，絕大多數人的體質都能吃，除非是胃腸潰瘍或發炎的患者。

檸檬中內含的檸檬醛，能使支氣管平滑肌放鬆，對於感冒引起的久咳、喘不過氣來有安撫作用，不至於痙攣；另外檸檬烯也有鎮咳、祛痰、平喘的功效。

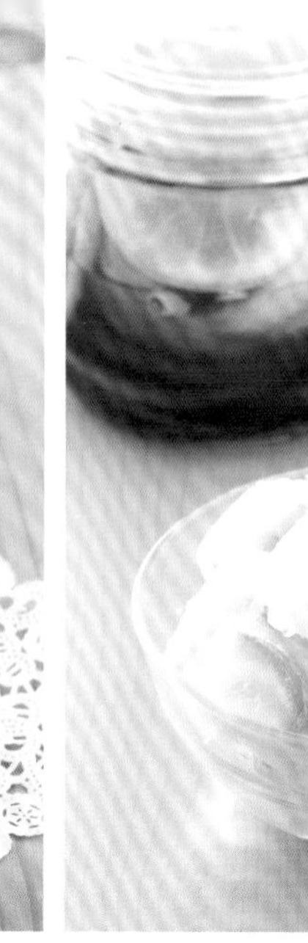

輕微感冒時，若不想吃藥，不妨在稀釋的溫檸檬汁裡添加少許鹽巴，有抑制咳嗽功效。怕吃藥的懷孕準媽媽，用這個方法來改善感冒症狀。無論喝新鮮檸檬汁，或用乾燥的檸檬片沖泡熱飲，或以檸檬精油做蒸氣浴，都能達到預防感冒之效。

對於感冒咽喉紅腫，因疼痛而無法進食，這時候，一杯微溫的蜂蜜檸檬汁，可幫助消炎並提供體力；喝完之後，再喝幾口溫開水漱口，然後好好睡一覺，能加快康復的速度。

【運動系統】

緩解疲勞，加強鈣質吸收！

肌肉、骨骼和關節三者同屬於運動系統。運動時，肌肉會利用糖解作用產生能量，乳酸是其產物。正常情況下，乳酸會被血液送到肝臟進行分解，如果產生乳酸的速度太快，既會堆積在肌肉裡，造成局部肌肉痠痛。

運動過後若能喝杯檸檬汁，可促進身體的新陳代謝，幫助乳酸被盡速排除，檸檬汁的維生素B群有助於身體解除疲勞，還能修復肌肉、緩解痠痛。

柑橘類所含的鈣質本就是水果中的佼佼者，檸檬的礦物質更是豐富。每100公克的去皮檸檬，約含有26mg的鈣和8mg的鎂，雖略遜於柳丁，但也相當出色。

檸檬酸和鈣、鎂結合後，會讓鈣質的吸收率大幅提升，好hold住骨質不疏鬆；另一方面能讓鎂更好吸收，有助於維持鈣和鉀的穩定，降低腿部發生抽筋的機會。

哈佛大學研究人員發現，缺乏維生素C會增加罹患類風濕性關節炎的風險。檸檬是高維生素C的水果，每日一杯檸檬汁健康飲，絕對對預防類風濕性關節炎有幫助。

【神經系統】

強化腦力、舒緩壓力

檸檬的維生素B群是幫助神經傳導、提升神經機能的強大力量。例如維生素B_1有助於肌肉和神經的協調性、維生素B_3對大腦的靈活運作很有助益。此外，檸檬烯，能幫助中樞神經系統維持穩定，減少自律神經失調的機率。

現代人常因工作或生活壓力導致自律神經失調，出現頭痛、耳鳴、焦慮、皮膚搔癢、失眠等症狀，若能養成每天喝檸檬汁的好習慣，透過檸檬烯的幫助，焦躁不安的情緒將逐漸和緩，有些人不必吃藥便可改善失眠和心悸的出現。

隨著平均壽命的延長，想預防老年癡呆、避免步上失智的危險，多吃檸檬就對了！它的檸檬苦素、蘆丁、維生素C和E都是抗氧化高手，能減輕自由基對腦部的傷害，讓老人家的腦力得以延緩退化。至於求學中的孩子，常因睡眠不足而影響學習效果，這時一杯蜂蜜檸檬汁，有助於強化記憶力和補充元氣，思緒也會變得更活絡。

【皮膚系統】美肌養顏．抗老化！

檸檬是出了名的美容水果，多吃檸檬會漂亮、會年輕，這是眾人深信不疑的說法。事實上，維生素B群是負責讓皮膚保有光澤和彈性的美容大軍，至於維生素C和E，則是美白、淡斑、抗老化的利器。

為了愛美，有人以檸檬片敷臉，或直接把檸檬汁加進乳液中，然後塗抹於皮膚上，希望直接吸收高濃度的維生素C，這是極不智的做法。

檸檬的酸性非常強，直接敷在臉上，易引發過敏；加上檸檬具有光敏性，會使黑色素嚴重沉澱，產生斑點。但高維生素C的檸檬的確有利於美白、淡斑，常喝檸檬汁的人，能保持細緻有光澤的肌膚，同時養成不易肥胖的體質。

影視紅星常利用檸檬水，來調整體質、展現好身材，其效果見仁見智，但也足以蔚為一股檸檬水健康風潮。

在此要特別提醒的是，喝檸檬汁會使皮膚白皙，但喝完之後務必漱口，別讓酸性物質停留在牙齒表面，隔10分鐘後再刷牙；姑且不論會不會腐蝕琺瑯質，會害牙色變黃這是無庸置疑的。

【泌尿系統】

防腎結石．尿路感染！

抗發炎，是檸檬的重大功效之一。很多人不愛喝水，加上天生體質使然，在腎臟、膀胱、尿道或輸尿管等泌尿系統部位就容易產生惱人的結石；一旦發作簡直痛不欲生。

檸檬裡的大量檸檬酸，對以鈣質為主要成分的結石，多少有抑制作用，但需多喝水才有助於小結石的排出，在飲水中添加檸檬汁，有味道的水會讓大量飲用變得相對容易；若結石發生在較易排出的部位，加上顆粒又小，多跑幾次廁所是有希望將結石排出囉！

女性發生泌尿道感染的機率高於

男性，這是因為女性的尿道較短，經不起憋尿，當身體狀況變差、蜜月期間、性愛過後、進入更年期以及罹患糖尿病時，發作頻率也會上升。

腎盂炎、膀胱炎、尿道炎等，都是尿路感染的殺手。除了鼓勵多喝水、多排尿之外，不妨多喝檸檬汁來改變尿液的酸鹼性，也會降低尿路感染的機會。

【生殖系統】緩和生理痛！促生育！

檸檬對於生理期的改善，有顯著的功效。有些女性在生理期間常會腹痛難忍，這時，喝點添加黑糖的熱檸檬水，可幫助剝落的子宮內膜順利排除。若因荷爾蒙不足而發育停滯，或是經痛嚴重的人，可用保溫杯泡著稀釋過的檸檬汁，長期飲用將逐漸看到效果。

維生素E又稱為「生育酚」，聽到這個名詞，就能理解維生素E為何能幫助婦女朋友順利懷孕生子，以及平安度過更年期。對想懷孕生男、生女的人，常喝檸檬汁，可改變身體的酸鹼值，有助於延長Y精子的壽命，想得男的話，不妨嘗試看看。

【內分泌系統】促進新陳代謝！降三高！

檸檬的果皮和果肉之中，藏著許多能促進身體新陳代謝的驚人元素。例如橙皮苷，它能促進中性脂肪代謝，滿足現代人怕胖的顧忌，盡可能維持血中糖分和血脂正常。目前已知，包括甲狀腺功能低下、糖尿病、高血脂、腎上腺機能亢進等疾病，都和內分泌系統有關。

有鑑於血糖、血脂、血壓等標準數值，逐年不斷進行修訂，而內分泌系統又攸關三高患者的健康，實在不容輕忽。

檸檬是代謝的最佳推手，一旦新陳代謝變好了，身體的基礎代謝率自然升高，相對能消耗更多熱量，就不容易發胖。

【免疫系統】排毒和防癌！

檸檬汁有個妙趣十足的綽號，叫做「神仙水」，經常飲用檸檬汁

可增強免疫力，身強體健、不病不老，讓人賽神仙。這說法或許誇張，卻大大提升自體的免疫系統，讓抵抗力變好，捍衛身體健康。

肝臟是人體最大的化學工廠，也是重要的免疫器官，負責分解有毒物質與廢物，是身體排毒的重要功臣。從中醫的角度看，青綠色的檸檬數「木」，對應的臟腑是「肝」，所以喝檸檬汁可疏肝解鬱、幫助排毒。從西醫的角度分析，檸檬中的檸檬苦素，是一種強化肝臟機能的植化素，可活化肝臟的解毒酵素，提升排毒力。

肝細胞含脂肪量5％以上就稱為脂肪肝，也就是台語所說的「肝包油」。現代人飲食不均衡、長期熬夜、肥胖、飲酒、用藥等，都是造成脂肪肝的原因。

根據國內各大醫院統計，國人脂肪肝的盛行率不斷上升，每三至四人之中就有一人出現脂肪肝。除了改變作息和飲食，建議大家要多吃新鮮蔬果來降低肝臟的脂肪和血脂。

健全的免疫系統宛如身體的護身符，根據衛福部國民健康署公佈的資料，國人的癌症發生率不斷攀升，每251人就有一人罹癌。除了遠離致癌物，主動攝取能防癌的食物也是必需。檸檬的成分裡，包括檸檬烯、檸檬苦素、黃酮醇……等，都有抑制癌細胞的功能；蘆丁、維生素C和E則能保護細胞、對抗自由基。

在美國癌症研究中心推薦的30種抗癌蔬果中，柑橘類水果包括橘子、葡萄柚、檸檬、萊姆等都名列其中。

TIPS

服用藥物，別喝檸檬水

每天一大杯檸檬水，有助身體排除體內的有害物質，達到清腸養生的目的。但需注意的是，檸檬中的柚皮苷雖有降低血壓的功能，但可能會和某些處方藥物產生相互作用，使藥物功效增強或產生毒性，因此應避免與降血壓藥一起服用。

檸檬冰塊的 魔法健康·風味力

趁著檸檬盛產季，大量榨汁製成檸檬冰塊吧！
讓每天都有清新的檸檬可以喚起身體的能量。
一次二顆檸檬冰塊，大大提升健康飲的效能與風味，
加入烹飪中，也讓美味多了意想不到的好滋味。
所以，自製檸檬冰塊，絕對是安心的選擇哦！

自製檸檬冰塊，超簡單！

趁著檸檬盛產的季節，將檸檬好好運用吧！製成檸檬冰塊是最能保留原始風味。每天取二顆用來當作保健飲飲用或當調味劑，不僅方便，也很健康哦！

檸檬冰塊的作法很簡單，可以單純榨汁也可以連皮一起打成果泥，再做成冰磚，在製作的過程中的確好玩又有趣。然後，每天就可以直接把冰塊拿出來用，是不是很便利呢？

檸檬冰塊製作法

作法 1：純檸檬汁

材料：新鮮檸檬 6 顆、製冰盒、保鮮袋

1 將檸檬洗淨，用軟刷將檸檬皮輕刷過後，浸泡於溫水數分鐘讓檸檬皮變軟，便於取汁。
2 切開檸檬取汁。
3 將檸檬汁倒入製冰盒內，盡快放入冷凍庫。
4 取出檸檬冰塊即可食用。

★ 純檸檬汁冰塊帶有果香味，最適合用來製作茶飲及料理調味，也最適合大眾口味。
★ 本書所示範的果汁與料理均以純檸檬汁冰塊為主。

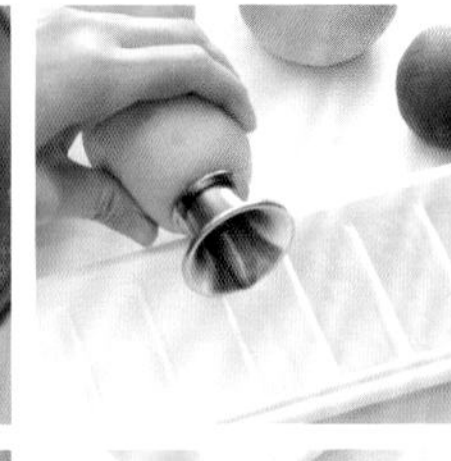

作法 2：保留果肉與果皮

1 檸檬洗淨後直接切成製冰盒的塊狀。
2 放入製冰盒內，再倒入冷開水，製成冰塊。

★ 保有少許果肉的纖維和果皮營養素的冰塊，適合用來製作茶飲，能讓口味更加豐富。

作法 3：整顆檸檬果泥

1 洗淨後的檸檬整顆切成小塊狀。
2 利用果汁機加點水將整顆檸檬打成泥狀。
3 倒入製冰盒內，放入冷凍庫。

★ 擁有全顆檸檬營養素的果泥冰塊，因為略帶顆粒及苦味的口感，不適合料理調味。若用熱水沖泡，則可將檸檬苦素激發出來，做為健康飲品。

TIPS

刷一刷，保留皮的營養成分

檸檬皮因為含檸檬精油，有些人會感到胃部不適，因此建議可以將檸檬皮刨掉一些，只保留 3/4，不要全部去除。可減緩症狀，也可保留檸檬皮的精華。

另外，果皮容易有殘留農藥的疑慮，所以在清洗時，建議可用軟刷將果皮先刷一刷再沖水，可以減少農藥殘留。

三種不同風味檸檬冰塊保存法

完成三種用不同方式製作的檸檬冰塊，在保存上也可以分開保存，增加使用時，多了一份趣味性，更多了一份健康性！

1 待完全結成冰塊後，把製冰盒放在水盤上，讓檸檬冰塊較能順利取下。
2 接著再把製冰盒稍微折一下，或左右扭一下，就能取下檸檬冰塊。
3 檸檬冰塊可放入保鮮袋或是保鮮盒內，就可以隨時取用囉！

備註：玻璃保鮮盒最好選擇強化玻璃，以免因冷凍而發生爆裂。

★如何擠出更多檸檬汁★

方法1

準備一碗攝氏50度左右的溫水，將洗淨的檸檬整顆浸泡其中，10分鐘後取出，外皮顏色會變得偏黃，擦拭後再榨汁，便能擠出較多的檸檬汁。

方法2

可把檸檬預先放入冰箱冷凍結成冰塊再退冰，整顆果實因結凍時果肉細胞壁會遭到冰凍的破壞，退冰後整個果實變軟了，裡面的果汁只要稍微一擠壓就可擠出大量的果汁喔！

方法3

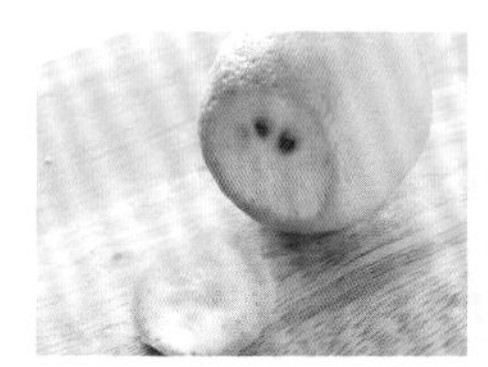

1 先切平頭尾

2 檸檬對切後，周圍切四刀

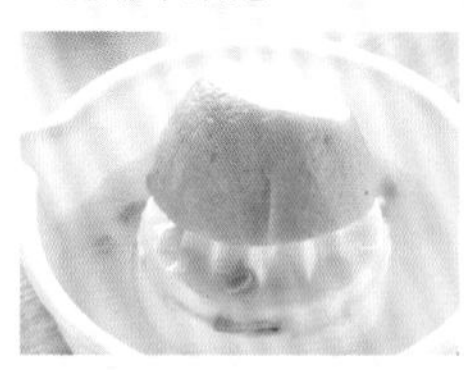

3 放在壓汁器上，壓汁

4 就可以很乾淨的擠出檸檬汁

TIPS

檸檬容器要注意

未經稀釋的純檸檬汁極酸，因此在選擇的容器要特別注意，若以塑膠容器要盛裝檸檬汁，建議要選食品級的耐酸容器PP（聚丙烯）、PE(聚乙烯)及不含雙酚A，通過SGS耐果酸檢測合格之材質，以避免將塑化劑喝下肚。

新鮮現榨的工具！

利用檸檬汁與果肉來製作不同基底的檸檬冰塊，不僅能增加食用的多變性，還能保留檸檬完整的營養素。想要新鮮現榨，就要懂得利用工具和輔助小幫手，才能輕鬆有效率。

壓汁器

● 旋轉式壓汁器

操作簡單、清洗方便。有大、小之分，主要用於柑橘類的水果壓汁器。大的旋轉式是適合如葡萄柚壓汁。除了手動式的壓汁器，也可以購買電動的旋轉式壓汁器，只要一壓，就會自動旋轉，不用手自己扭來扭去。但，記得要把檸檬握好哦！

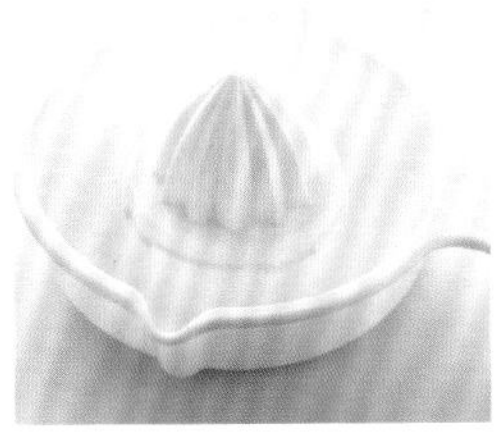

【用法】
檸檬對切後，直接放上用力旋轉，只取檸檬純汁。

● 槓桿式壓汁器

優點是省力，方便，也好清洗。但果皮油腺受重壓而破裂，檸檬苦素可能影響果汁味道，且取得的檸檬純汁較少。

【用法】
1. 將檸檬對切放入
2. 用力一壓，將檸檬汁壓出。此時，也容易使果皮破裂，多了一份苦味哦！

★ 小提醒：
壓汁器，因為有許多細孔，使用完最好馬上清洗，小隙縫可用軟毛刷清洗，以有殘渣存留，滋生細菌。

● 檸檬取汁器

不用動刀，利用尾端尖齒設計，只要左右旋轉可割除果皮作成取汁口，就能完全取出果汁，用多少擠多少。

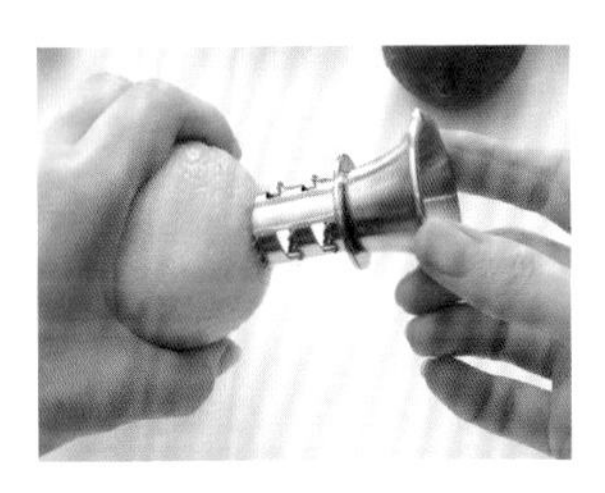

★ 小提醒：
因為檸檬有腐蝕性，不宜長時間將取汁器放在檸檬內，取出後，也要及時清洗擦乾，才能延長使用壽命！

果汁調理機

保留全食物的精華，能將食材完全打散，同時可保有食物的纖維與較多的營養素。

調理機與果汁機較不同的地方，在於刀片旋轉的馬力夠強，會將食材完全擊碎，不需濾渣。也不會有顆粒殘留的口感。

★ 小提醒：

1. 記得要切小塊，才能節省攪打的時間，也會更順暢。
2. 高速攪打的機器，溫度也會跟著提昇，所以加入檸檬冰塊的好處剛好可以降溫，口感也會變好哦。
3. 使用完畢，要立即清洗，果汁杯若不是一體成型的，記得杯座也要拆下來清洗，以免有殘渣沒清乾淨。

輔助小幫手

無論選擇前述哪種機器來榨汁，都可製作檸檬冰塊。請準備以下輔助小幫手，讓冰塊的製作更順手。

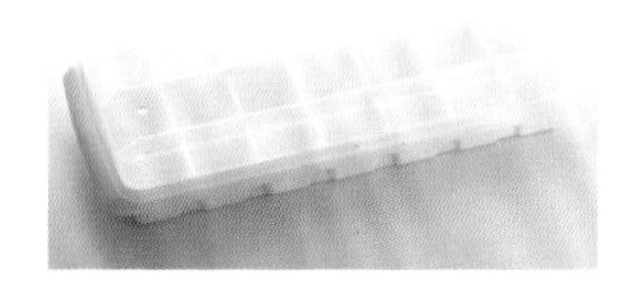

● 附蓋製冰盒

將檸檬純汁注入製冰盒，每格大約裝八分滿，然後小心放入冷凍庫，冷凍後就成為檸檬冰塊。若附上蓋子則更理想，避免檸檬冰塊沾染其他食材的氣味。

製冰盒也必須選擇耐酸性和耐鹼性較好、不含雙酚Ａ（BPA）的材質，也可選擇不含塑化劑的純矽膠材質。

● 研磨板

有些人怕苦味，在榨汁前有先削去果皮和白皮層的習慣，這時可用研磨板將檸檬皮細磨。再取少量且平均地撒在製冰格裡，做出來的檸檬冰塊會帶有綠色果屑，看起來饒富意趣，吃起來更加清香。

TIPS

殘餘果皮、果渣的再利用

榨汁剩下的果皮帶有清香，可用來除臭或放入浴缸泡澡，洗個香噴噴的檸檬浴。記得起身後用清水沖乾淨，以免殘留在皮膚上引起光敏反應。

還能將果皮屑先冷凍起來。烹調、製作甜點時都可運用到哦！

超便利！

製作檸檬冰塊便利多

檸檬的好處這麼多，趁著盛產的季節，快點製成檸檬冰塊來保存，留住整顆檸檬的營養精華。讓每天都有清新的檸檬可以飲用，還可以依個人喜歡調製冷飲、熱飲還是做為調味用。

這樣每天早晨的一杯溫熱檸檬汁，也變簡單了！相對地運用在烹調料理上不僅方便，還能同時兼顧美味與營養，免去買不到或擠太多的困窘，為全家人的健康打下良好的基礎。

便利1

簡單作，輕鬆取！

檸檬冰塊作法簡單，一種是直接取汁法，若想另外保留檸檬皮的營養素，建議可在洗淨檸檬後，將整顆檸檬去籽後打成汁，或是連皮切成小塊狀，直接冷凍都可以。

只要一次，把多顆檸檬分成不同的方式製成冰塊，打開冰箱就有現成的檸檬冰塊可供運用，真是非常便利啊！

便利2

掌握分量．隨時有！

每天都想來一杯溫檸檬汁維持健康。但天天榨汁也太麻煩了，且分量也不易掌握。所以若能倒好溫水後，直接丟入二顆檸檬冰塊；哇！那溫度剛好！

運用在烹調時，容易掌握分量，且很快能和其它食材融合，一次二顆，味道也剛剛好。

便利3

減少調味，增加食物好風味！

我們都知道鈉吃多了不健康，會使水分滯留體內；引發心臟病、高血壓、中風、腎臟病等……。利用檸檬的酸味來取代調味料，減少鹽分攝取，加上檸檬的香氣會喚醒味蕾和嗅覺，提升食物美味的同時，還能兼顧健康，十分好用。

註：各種調味品含量之換算比例：
1 茶匙食鹽 =2 茶匙醬油 =5 茶匙味精 =5 茶匙烏醋 =12.5 茶匙蕃茄醬。

便利4

分袋保存，新鮮多半年！

檸檬汁放在冷藏室保鮮，頂多只能存放一週，就容易變質。一旦製成檸檬冰塊後，再放入品質良好的夾鏈袋中，存放於冷凍庫，保存時間可長達六個月，而且不會受到其他冷凍食材的氣味影響，更不至於因壞掉而浪費。趁著檸檬便宜時，做起來儲存，很划算哦！

TIPS

一天可飲用的範圍

每粒檸檬的大小、果汁量都不同，購買的製冰盒尺寸也不一。所以可依自己手上的為基準，預估一下，假設以 20 粒檸檬榨汁能做出 120 顆冰塊，即每粒檸檬能製作出 6 顆冰塊，在每天可攝取 1 粒檸檬的範圍內，尤其是胃弱和初嘗試的人，最好不要過量，可從 1、2 顆冰塊開始，多加稀釋再飲用，等腸胃適應良好再逐量增加。

超神奇！

檸檬冰塊，萬能調味！

小巧可愛的檸檬冰塊製作完成囉！任誰都會迫不及待想趕快使用看看。

馬上開動，看看檸檬有什麼美味組合和神奇的妙用，可以讓我們生活中充滿清新的檸檬健康力！！

立即用，檸檬冰塊的美味組合

檸檬冰塊鎖住了檸檬豐富的維生素和礦物質，連帶的也將檸檬的清香保留下來。它能做為茶飲的最佳主角，散發出的維生素C和香氛主導我們的味覺和嗅覺；也能低調做最佳配角，成為調味的基底，襯托食物的風味。

【健康飲料】

一天三顆，每日C一下

覺得白開水太單調？每天來一杯不加糖的檸檬汁吧！這是全世界公認最棒的健康飲料，不管是日常保健，或是懷孕害喜、感冒微恙、牙齦腫痛、消化不良，抑或想要提神醒腦、瘦身美容時，溫檸檬汁能滿足上述所有需求。

準備500cc溫開水，放入3顆檸檬冰塊（半顆檸檬的量），溶化後攪勻趁熱喝；每天1至2杯，輕輕鬆鬆達成維生素C保健。

【午茶良伴】

檸檬冰塊．愛吃不怕胖

愜意的Tea Time，多數人需要提振精神，或在遲來的晚餐之前，替身體補充些能量。很多人在午後時光喜歡來杯茶，奶茶加糖加奶後，動輒一、兩百大卡。如果怕胖，又覺得紅茶、綠茶不加糖難以下嚥，那麼改喝檸檬紅茶、檸檬綠茶吧！

在茶湯中放入1至2顆檸檬冰塊，茶香馬上不同凡響，即使不加糖也不再苦澀；如果手邊有純正蜂蜜，添加1小匙只有30大卡，那份美好的快感享受，足以支撐你熬過辦公室的後半場競爭。

【打蔬果汁】

風味更佳

「蔬果彩虹597」，你做到了嗎？十二歲以內的兒童，每天應攝取五份新鮮蔬果（三份蔬菜＋二份水果）；女性朋友則每天應攝取七份新鮮蔬果（四份蔬菜＋三份水果）；而男生最好每天可攝取九份蔬果（五份蔬菜＋四份水果）。

如果外食機會多，極可能吃不到足量的蔬果份數，這時不妨喝杯蔬果汁補充。加入檸檬冰塊的果汁可增添風味，更可帶出水果的甜味、調整蔬菜的澀味，不必加糖就變好喝，還能增加水果種類的攝取量。一顆檸檬等於一份水果，只要算過一顆檸檬能做幾顆檸檬冰塊，就很容易掌握份量了。

【加入湯麵】

少鹽多健康

廣大的愛麵族，從現在起，請把檸檬冰塊當成吃麵的必備調味。無論是海鮮類，或是勾芡的羹麵、酸辣麵、大滷麵，甚至是牛肉麵、蹄花麵，加一顆檸檬冰塊進去，去油解膩外，還能把肉類的香味、海產的鮮味激發出來。

最重要的是，不必再加辣椒醬或黑醋，能減少鈉的攝取量。即使是乾麵，趁熱拌入檸檬冰塊攪拌，黑醋和醬油就可以少用一半！

【加入燒烤】
減少致癌物

基本上，燒烤並非健康食物，蛋白質經過高溫加熱很容易變性，對健康不利，再者燒烤物大都塗抹過多的烤肉醬，鈉含量驚人。

在燒烤時，夾一塊檸檬冰塊塗抹在肉串上，一來降溫減低燒焦的機會，二來檸檬香氣會讓蛋白質和脂肪更鮮美，不必太多醬汁就很香。如果燒烤物是含有亞硝酸鹽的培根、鹹肉、火腿、香腸，檸檬冰塊裡有豐富的維生素C，可抑阻亞硝酸鹽合成亞硝胺致癌物，等於多了一層防護。

【煮白米飯】
米粒Q又香

煮飯之前，在洗好的白米裡滴入少許檸檬汁，能讓煮出來的米飯帶有檸檬清香；如果再加一點冰塊，米粒在煮熟的過程，吸水速度略微延遲，反而讓口感變Q變好吃。那麼，如果加的是檸檬冰塊呢？大家不妨試試看，四杯白米以正常水分，再加一顆檸檬冰塊進去，小心米飯好吃到被搶光光！

【汆燙青菜】
維持綠油油

很多人燙青菜的時候，會添加幾滴油，讓綠葉保持青翠，如果改用檸檬汁，效果同樣很棒喔！煮滾一鍋水，將蔬菜放入汆燙，同時放入一顆檸檬冰塊，可以防止蔬菜變色。

此外，有些青菜鐵質較高，例如地瓜葉、空心菜、菠菜等，水炒時容易變黑，其間若放入一顆檸檬冰塊，能降低菜葉變黑的程度。

【淋上蔬果】
保鮮不氧化

蔬果一經切開接觸空氣後，很容易產生氧化，一下就變成鐵鏽色，這就是褐變現象，例如蘋果、梨子、水蜜桃、香蕉、番石榴等，果肉裡的多酚氧化酵素會催化某些酚類化合物進行氧化反應。

想阻止這種情形，除了將水果泡在鹽水中，也可以拿檸檬塗抹在果肉上，它的維生素C會抑制多酚氧化酵素，褐變的速度就會延緩；這些容易褐變的水果，打果汁時丟一～二顆檸檬冰塊，也可以延緩果汁變色。

檸檬喝對了嗎？

一到夏天，不難發現每人幾乎人手一杯，從最簡單榨汁稀釋飲用的檸檬汁，或是為了保留營養成分而將整顆連皮一起切片，再利用蜂蜜、鹽等製成醃漬檸檬、冰磚後再食用。

不禁要問，檸檬為何會成為目前人氣最夯、最天然健康的美容聖品？

❖ 全檸檬汁最健康

檸檬皮中含有豐富的類黃酮、檸檬多酚及其他多種植化素等，更含有檸檬精油，能對抗發炎，提升免疫力，清除自由基，因此連皮一起打成果泥或是製成冰塊是最健康、最簡便的做法。

將檸檬以軟刷將果皮徹底洗淨後，整顆放進果汁機，加點開水打成細泥。每天一顆檸檬是最完美的，將果泥倒出，加少許蜂蜜攪拌均勻，就是健康有益的「全檸檬汁」。

❖ 檸檬片，保留檸檬的清香味

將檸檬保留檸檬皮的部分，也是保留豐富的營養素，怕檸檬苦味的人，可以先用削皮器將皮削掉一半，然後再切片，直接泡溫熱水，讓檸檬皮上的揮發精油，可以散發清香。萬一吃不完，可以先放到保鮮盒裡冷凍起來，等到要喝時，再取出來，也很方便哦。

❖ 純檸檬汁要稀釋，才保健

利用市售的擠壓器，將檸檬對切取汁，酸溜溜的滋味，可要好好調整一下水量的比例，尤其是牙齒敏感或腸胃功能不佳的人，還是建議多加水稀釋，一顆檸檬最好用800~1000的水稀釋，避免喝到濃度太高的檸檬水，才是最健康的保健飲。

❖ 喝檸檬不加糖更健康

一般人因為怕酸，在飲用檸檬汁時會加入大量糖調味，因此坊間會有「黃金比例」的翡翠檸檬飲出現，其飲含糖量竟高達於15顆方糖，早已超過每人每日的建議攝取量，對身體更是一項負擔。

怕酸的人，不妨適量加入蜂蜜，調整酸度，但能不加糖就盡量不要加。建議可以調高水量，還可以減少熱量的攝取，畢竟不加糖的檸檬水更健康！

❖ 檸檬水的黃金比例？

檸檬成分中的檸檬酸鈣對人體的鈣質吸收與形成有很大的助益，只是為了健康不加糖的檸檬汁，卻是會酸到讓人消化不良，要如何調配檸檬與水的比例？主要是看個人的喜好度與用途，一般我們會建議一顆檸檬榨出的原汁搭配1000CC的水為準則，所以一天二顆檸檬冰塊加500CC的熱水，剛剛好是喚起一天能量的開始哦！

但，若是用在烹調上，濃度就可以高一點囉！

❖ 熱檸檬水，效果好？

雖然酸性維生素C的確耐熱性會比較好，但不宜以太熱的水沖泡，容易將維生素C破壞掉，而降低保健效果。不過存在果皮上的營養素卻是要經由熱水沖泡後，才能將精油成分激發出來，像是具有抑制癌細胞、降血脂功效的橙皮甙、川陳皮素及多甲氧基類黃銅等。

Q 選檸檬，要選對季節最好吃？

蒂頭帶綠的檸檬比較新鮮，而果皮顏色最好是均勻的，淺綠或微黃都比深綠來得理想；果實要有彈性，不宜太硬，但必須重量十足，才會飽滿多汁。通常外形比較圓的檸檬，多汁但比較不酸，外形比較尖的檸檬則相反。從夏季到秋季都是檸檬的產季，以盛夏時的品質特別棒。

Q 如何去除檸檬的農藥殘留？

檸檬在開花結果的時候，通常農民會噴灑農藥以預防蟲害，基本上若是農藥期過了，是安全的。但為了確保安全，還是要盡量清洗乾淨。

我們可以先用軟刷將果皮先刷一遍，再以 50 度的溫水浸泡後再沖洗，能有助於農藥的去除。

TIPS

檸檬 vs. 萊姆，傻傻分不清

在市場上，我們通常看到的檸檬都是屬於綠色的，而進口的黃色檸檬，即是萊姆。其實不然。雖然他們都屬於芸香科柑橘屬，卻是不同種的柑橘類果實。

在口感上，也有差別，綠檸檬較酸；黃色則酸味淡帶點甜。檸檬的果皮較粗糙且厚，外表較為瘦長，香氣足。萊姆則外表較檸檬為圓，果皮也較為光滑，較無檸檬香氣。剖開後，檸檬通常帶籽，萊姆則無籽，所以萊姆又稱為是無籽檸檬。

在用途上，檸檬跟萊姆也大不同唷，檸檬可以榨果汁、做為調味之用，而萊姆因為肉多、汁多大部分被用作調味香料之用，或是做成萊姆醋，蜜餞等。兩者雖然外表有顏色明顯的區別外，其營養成分可是相同的哦！

綠檸檬　　黃檸檬

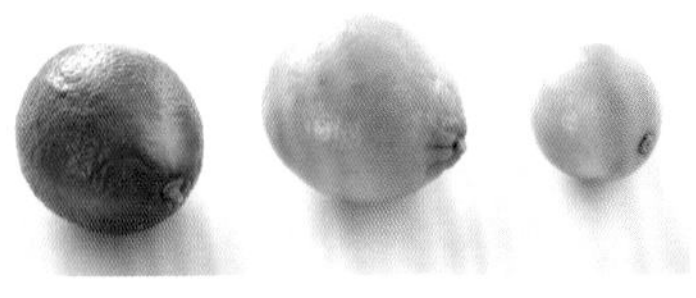

檸檬　　萊姆　　香檬

	檸檬	萊姆
別名	益母果	甜檸檬、酸柑、青檸
外形	長橢圓，兩頭較尖 頂部有乳狀突起	短橢圓，乳狀突出較尖短
顏色	深綠色，成熟後轉淡綠至黃色	黃綠色，成熟後轉為黃色
果皮	外皮粗糙且厚，油囊較大	外皮細緻且薄，油囊較小
常見品種	優利加檸檬、香水檸檬、 台灣香檬（扁實檸檬）	大果萊姆、小果萊姆、甜萊姆
種籽	有籽	無籽
果肉	淡黃色，氣味較香、較酸	黃綠色，氣味較淡、較甜
吃法	榨汁稀釋飲用、入菜	榨汁飲用、入菜、做果醬、蜜餞、果醋
萃取	檸檬精油	萊姆精油

檸檬冰塊健康飲 保健又美肌

檸檬的香味，總有一股讓人提振精神，心情變好的微分子。奇妙的是，不管和任何食材搭配，總能創造出豐富的層次變化。除了讓食物帶著果香，加入檸檬後，還有開胃、強身之用哦！

所以，把檸檬冰塊好好利用吧，你就是神奇妙廚哦！

檸檬味，讓食物美味的秘密

檸檬獨特的清香味一直是大廚師們的最愛，常常在烹調的最後擠上幾滴檸檬汁，瞬間就將所有各自獨立的食材融合成絕佳風味的料理。加上檸檬內所富含的各種檸檬果酸成分也會和食材碰撞出不同的化學變化，正好可應用於不同的烹調食材中，讓食物更加健康美味吧！

❖ 檸檬和蔬果的美味關係

現代人健康的不二法門，就是要「少油、少鹽、少糖」，多增加蔬果的攝取量。尤其是有些蔬果不適合經過高溫烹調，會使營養素和酵素失去活性。所以，會希望減少加工步驟，留住食物的原味，為身體補充健康酵素。

- 檸檬取代醬味：很多人不太習慣食物原味的人，會淋上熱量極高的沙拉醬來增加口感，反而攝取到更多的油質。這時改用檸檬汁搭配少許橄欖油、蜂蜜和醬油，即能調出健康的油醋醬，好吃又低卡。也減少醬料的搭配。
- 檸檬讓生菜保鮮：將生菜葉浸入稀釋的檸檬水，檸檬的酸味能淡化生菜的苦澀。加二顆檸檬冰塊，一起放進冰箱冰鎮10分鐘，能讓生菜葉口感脆又多汁。
- 減少食材氧化：新鮮蔬果一經切開，很容易因接觸空氣後氧化褐變，若不想泡鹽水，改用檸檬冰塊塗抹在水果表面上吧！檸檬裡的檸檬酸、蘋果酸和維生素C可防止水果褐變，也會讓水果更加透心甜。

●喝出蔬果原味：檸檬的酸味與香氣都比其它食材來的強，很容易掩蓋其它食材的味道。建議，在打蔬果汁時，最好是果汁打好後再丟入檸檬冰塊，這樣才能保留各種蔬果的原味哦！

❖檸檬和鹽漬食物的美味關係

鹽漬食物開胃又下飯，但常會因為加入大量的糖或鹽，而讓熱量及鈉的攝取量無形中提高。每個人鈉的攝取量一日建議不宜超過2400毫克，換算後等於6公克食鹽。

●減少鹽物攝取：喜歡鹽漬物的朋友，可考慮用檸檬來替代部分的鹽。舉例來說，鹹魚、菜脯、高麗菜乾，以及各式醬菜，醃漬時不妨少放點鹽，烹調前再稍做沖洗，烹調之後加些檸檬汁或檸檬冰塊，就不必擔心減鹽而影響風味了。

❖檸檬和海鮮的美味關係

無論是生鮮或是解凍的海鮮，很難避免不帶腥味。若是天氣變化較大，即使是「現撈」的魚貨在運送的過程，難免會有耗損或是新鮮度打折發生。此時，檸檬冰塊就很好運用囉！

●具有殺菌力：吃海鮮最怕兩件事，一是不新鮮，二是有腥味。檸檬是海鮮最完美搭檔，主要的原因是大

●減少鹽分的攝取，就要用檸檬來取代

●泡過檸檬水的蔬果，不易氧化

●檸檬有殺菌、去除腥味的作用

TIPS

為什麼東南亞料理都有檸檬？

東南亞料理以酸、辣聞名，很多菜餚會用新鮮檸檬入菜，這是因為當地氣候燠熱，食物腐敗速度快，唯恐細菌滋生引發食物中毒，因此善用檸檬汁能殺菌的特點，以它為重要佐料。久而久之，檸檬的濃烈酸香成了東南亞料理的特色。

多數微生物是微酸或微鹼，在pH 5以下的環境幾乎無法生存，黴菌和真菌也只能容忍至pH 4左右，而檸檬原汁pH值約2.4，酸性強，不宜直接飲用，但其殺菌力不遑多讓。

●增鮮，提振食慾：有些海鮮原本味道就重，檸檬的酸和清香正好壓過腥味，有助於提振食慾。例如吃生蠔時放上檸檬冰塊，一則去腥，二則保鮮，三則殺菌；喜歡生魚片卻不敢吃芥末，沒關係，用檸檬汁來替代吧！享用清蒸螃蟹前使用檸檬冰塊，不僅讓蟹肉更鮮甜，還能幫助消化。

❖檸檬和肉類的美味關係

檸檬的果味清爽，正好緩解肉類的油膩，搭配牛、羊、豬等味道較重的紅肉，能把肉腥味轉成甘甜，還會讓肉質更Juicy哦！

●解油膩、軟化肉質：許多廚師在烹調牛肉或羊肉料理前，喜歡在肉品上塗抹檸檬汁，或用檸檬和酒一起醃肉，有助於軟化肉質纖維與脂肪，口感也會更鮮嫩。很多害怕羊肉羶味、不敢吃羊排的朋友，在搭配檸檬果泥之後，幾乎都能大快朵頤。

❖檸檬和豆製品的美味關係

●緩脹氣、助消化：一如牛奶，豆漿也不宜和檸檬汁混著喝，酸會使豆漿的蛋白質變質、結塊。不過，豆製品卻和檸檬很麻吉，淋上少許檸檬汁，煮干絲、滷豆干等味道會更跳出。再

● 淋上檸檬汁，有助於軟化肉質

● 酸，可以提出甜味，也可降低致癌物

TIPS

哪些食物不適合和檸檬搭配？

最不適合和檸檬一起吃的東西是乳製品，包括牛奶、起士等，不建議一起入菜，因為它們的蛋白質和檸檬有機酸、維生素C一起反應，會使蛋白質變性，徒增腸胃負擔。但打果汁優酪乳時，添加極少量的檸檬冰塊是無礙的。

者，吃豆類、豆製品會脹氣的人不在少數，吃之前趁熱放入檸檬冰塊攪拌，釋出的檸檬酸能幫助消化，克服脹氣困惱。

❖檸檬和燒烤類的美味關係

燒烤食物火侯不夠，則激不出香氣，烤太過又怕產生亞硝胺致癌物，而烤肉少不了香腸、火腿和熱狗，這些食物都含有亞硝酸鹽，怎麼辦？請出檸檬吧！

●減少致癌物：它的維生素C能幫忙阻斷亞硝酸鹽合成亞硝胺致癌物，烤肉前先將食材蒸熟或滷熟，在炭火上稍微燒烤即移開，淋少許檸檬汁，酸會讓焦香變明顯，讓你保有健康且美味不打折。

●縮時嘗鮮：除了怕燒焦，燒烤類還怕太鹹、太燙。萬一醬汁塗抹太多、口味太重，這時得靠檸檬來淡化燒烤醬的濃郁，讓味覺產生愉悅感。檸檬冰塊則能輕鬆優雅地搭配燒烤，縮短食物過熱無法入口的時間。

❖檸檬和湯品的美味關係

在亞熱帶地區，佐餐時常會送上小檸檬或小金桔，開動之前擠上一點，看似衝突卻意外的互搭，不論是甜湯還是鹹湯，不妨來一點試試看，說不定妳也會有意想不到的發現！

●提鮮增甜：大部分煮湯都會撒上薑絲或蔥末，起鍋前再淋上香油來提味。其實還有另一種提味的選擇，加顆檸檬冰塊，或將檸檬皮磨細撒在湯上。

推薦用在海鮮湯、酸辣湯、肉類高湯裡，在熄火前或食用前添加，等檸檬冰塊融化即可食用，檸檬皮可撒在濃湯上頭，一點點就有畫龍點睛的效果。

生活每日美麗保健飲

檸檬冰塊，有著提鮮、中和食材之間的衝突性，當它加入至水果、蔬菜、植物花茶和養生茶飲時，除了會產生讓人意想不到的美味，更可賦予每杯茶飲不凡的功效，有的能清熱降火、美膚養顏，或是能止咳消炎；穩定心緒，還有最愛的消脂瘦身及防癌提升人體的自癒力……備好了檸檬冰塊，這些的美味果汁和茶湯，做起來就很簡單！

★ 小提醒：

我們以每顆檸檬可製作 6 顆檸檬冰塊來設定。如果你家的製冰盒尺寸不同，請酌量增減，讓茶飲更加符合自己的喜好。

製作水果汁和蔬菜汁時，會加入檸檬冰塊一起打汁或榨汁，請事先確認家中的果汁機或榨汁機轉速夠強，刀葉必須能打碎檸檬冰塊；若有食物調理機，那就更便利了。

美肌・抗初老水果汁

現代人很容易因為壓力，缺乏運動等各種因素而引起身體一些小毛病。例如，大家最在意的身材問題，便秘、記憶力減退、容易感到疲勞等問題。想要改善這些小症狀，水果是最好，也最方便的選擇。

親手自製的水果汁，可以利用當季好取得的食材，新鮮現打會比市售果汁來的健康、安全。

水果本身就具有豐富的營養素及自然的甜味，不需要多添加調味料，而檸檬的酸剛好可以中和過甜的水果，還可以依自己的喜好調整比例。一天一杯，高纖多健康！

抗氧化

魔力紅甜瓜番茄汁

【功效】降血壓、抗癌、纖體。

【材料】檸檬冰塊 3 顆、紅西瓜 150 公克、小番茄 15 顆。

【做法】1. 紅西瓜去皮去籽切塊。小番茄洗淨去蒂。

2. 將檸檬冰塊和 1 放入果汁機中，加 300cc 冷開水，打汁即可飲用。

1. 喜歡較甜口味的人，可添加幾顆紅葡萄一起打汁。

2. 不過濾直接喝可補充茄紅素。若以食物調理機處理，可將冷開水減為 120cc，打成美味果泥。

增強體力

木瓜生薑元氣汁

【功效】強化免疫力、抗衰老。

【材料】檸檬冰塊 3 顆、小型木瓜 1 顆、生薑 10 公克。

【做法】1. 木瓜洗淨後，去皮去籽切塊。生薑連皮洗淨切片。

2. 將木瓜與薑片先用冷開水打勻，再加入檸檬冰塊稍加混合即可飲用。

1. 有些人不喜歡木瓜的味道，可增加檸檬冰塊的使用量，或加入 1 顆柳丁一起打汁，接受度會大大提高。
2. 特別推薦給更年期前後的婦女朋友。

解便力

香蕉優酪檸檬飲

【功效】纖體、通便、緩和情緒。

【材料】檸檬冰塊 1 顆、香蕉 1 根、優酪乳 240cc。

【做法】1. 香蕉去皮切塊。

2. 將檸檬冰塊、香蕉、優酪乳一起放入果汁機中，打汁即可飲用。

1. 嚴重便秘的人可再多加半顆蘋果，將優酪乳調整為 360cc。
2. 夏季可將打好的「香蕉優酪檸檬汁」放入冰箱冷凍 1 小時，用力攪拌再吃，很有冰沙的 Fu。

紅蘋香柚汁

【功效】降血壓、膽固醇、改善牙齦出血。

【材料】檸檬冰塊 3 顆、蘋果 1 顆、葡萄柚 1/2 顆。

【做法】1. 蘋果洗淨，去皮去核切塊。葡萄柚去皮，盡量除去白皮層，將果肉切塊。
2. 將檸檬冰塊和 1 放入果汁機中，加 300cc 冷開水，打汁即可飲用。

1. 不可和高血壓藥物一起服用。
2. 胃弱的人，可將葡萄柚改為熟成的芒果 1/2 顆。

熱情國度鳳梨汁

【功效】美白、潤腸通便、強化記憶。

【材料】檸檬冰塊 3 顆、火龍果 1 顆、鳳梨 1/8 顆。

【做法】1. 火龍果洗淨，剝皮切塊。鳳梨去皮切塊。
2. 將檸檬冰塊和 1 放入果汁機中，加 300cc 冷開水，打汁即可飲用。

1. 有些人覺得火龍果即使熟成仍帶有生澀的味道，檸檬冰塊和鳳梨的酸甜正好蓋過這個氣味。
2. 火龍果有紅肉和白肉兩個品種，前者甜度較高，營養素也較豐富；但如果血糖偏高，建議改用白肉火龍果來打汁。

鮮莓蘆薈香檸汁

預防癌症

【功效】抗皺、增加免疫力、預防癌症。

【材料】檸檬冰塊 3 顆、草莓 150 公克、新鮮蘆薈 1 葉。

【做法】1. 草莓洗淨去蒂。蘆薈洗淨，去皮，取果肉。
2. 將檸檬冰塊和 1 放入果汁機中，加 300cc 冷開水，打汁即可飲用。

小提醒

1. 蘆薈的外皮不能吃，因含有蘆薈素和大黃素，誤食會中毒休克。
2. 草莓建議以流動的清水沖洗 15 分鐘，比浸泡清洗得更乾淨。

補鐵潤顏

香桔蜜桃菠蘿汁

【功效】養顏、補鐵、助消化。

【材料】檸檬冰塊 2 顆、柳橙 4 顆、水蜜桃 1 顆、鳳梨 1/8 顆。

【做法】1. 柳丁榨汁。鳳梨切塊備用。水蜜桃去籽。
2. 將鳳梨、水蜜桃連同柳丁汁一起打成汁。
3. 最後加入將檸檬冰塊，打汁即可飲用。

小提醒

1. 桃子有補血、減少自由基的傷害，且鉀含量高，也適合容易水腫的人食用。買不到水蜜桃可以用甜桃取代，風味一樣不減。
2. 柳橙有利補充肌膚的水分。鳳梨有助消化，所以不適合空腹食用哦！

奇異果楊桃纖果汁

【功效】抑制致癌物、瘦身纖體、生津消煩。

【材料】檸檬冰塊3顆、奇異果2顆、楊桃1顆。

【做法】1. 奇異果去皮切塊。楊桃洗淨切片。

2. 買不到楊桃時，可用大黃瓜 1/2 條來取代。

1. 尿毒症患者或腎功能不佳的人請勿飲用。
2. 特別推薦給更年期前後的婦女朋友。

美白纖體汁

【功效】強健骨骼、促進代謝、美顏。

【材料】檸檬冰塊3顆、芭樂1顆、鳳梨1/8顆。

【做法】1. 芭樂洗淨，去籽切塊。鳳梨去皮切塊。

2. 將檸檬冰塊和 1 放入果汁機中，加 300cc 冷開水，打汁即可飲用。

1. 如果果汁機馬力不夠強，請選擇微軟的芭樂。
2. 以食物調理機處理的效果會更好，可將水量減半，打成果泥也很可口。

亮眼密瓜藍梅汁

舒緩壓力

【功效】抗老化、活化腦力、維護視力。

【材料】檸檬冰塊 3 顆、小型哈密瓜 1/4 顆、藍梅 30 顆。

【做法】1. 哈密瓜洗淨，去籽去皮切塊。藍梅洗淨。

2. 放入果汁機中加 300cc 冷開水打勻後，加入檸檬冰塊汁稍打一下即可飲用。

1. 哈密瓜有「瓜中之王」，具有清熱解燥的作用，是夏季解暑的聖品。挑選要以網紋黃肉的品種較適合打果汁。

2. 藍梅於強力抗氧化水果，能夠幫忙延緩老化、增強記憶力之外，還有大量有利視網膜的花青素，及與哈密瓜都具有能保眼睛的維生素 A 哦！

預防尿道感染

健體水梨葡萄飲

【功效】補體力、潤膚、利尿、降血壓。

【材料】檸檬冰塊3顆、葡萄13顆、水梨1/2顆。

【做法】1. 葡萄洗淨。水梨洗淨，去皮去核切塊。

2. 將檸檬冰塊和 1 放入果汁機中，加 300cc 冷開水，打汁即可飲用。

1. 葡萄皮和葡萄籽富含花青素和類黃酮物質，整顆打汁更營養。

2. 特別推薦給貧血的朋友。女性生理期過後很適合喝。

提升免疫力的健康蔬菜汁

近年來，現代醫學不斷發現新鮮蔬果中含有對抗各種疾病的植物生化素，能提升生理機能，有助身體代謝老廢的毒素，增強提抗力。尤其對於體力較弱的老年人、小朋友，或是忙碌的外食族，蔬果汁可是最直接、最方便，也最容易被人體吸收的食療法。

擔心蔬菜味太濃而被拒絕的蔬菜汁，加入檸檬冰塊後，能掩蓋掉生澀味，還更能發揮抗氧化作用哦！

改善體質

甘藍青椒舒活汁

【功效】促進復原力、防黑斑、強化鈣質、預防血管硬化。

【材料】檸檬冰塊 3 顆、高麗菜 1/4 顆、青椒 2 顆。

【做法】1. 高麗菜逐葉撥開洗淨。青椒洗淨，去蒂去籽切塊。
2. 將檸檬冰塊和 1 放入榨汁機，榨汁立即飲用。

1. 青椒可促進黑色素新陳代謝，對付黑斑很有用，還含有促進毛髮、指甲生長的矽元素哦。甘藍菜能修復胃黏膜，若覺得打汁會有辛辣及生菜味，可加入 1/2 顆蘋果或一小塊山藥榨汁，或再加入 1 大匙蜂蜜，攪拌均勻即可飲用。
2. 夏秋兩季從事戶外活動後，建議連續喝幾天「高麗菜青椒檸檬汁」，預防黑色素沉澱。

香蘋秋葵養生汁

【功效】潤腸、通便、降血糖、抑制腫瘤。

【材料】檸檬冰塊3顆、秋葵6根、生薑5公克、蘋果1顆。

【做法】1. 秋葵洗淨，去蒂頭切段。生薑連皮洗淨切片。蘋果洗淨，去皮去核切小塊。
2. 將檸檬冰塊和1放入果汁機中，加300cc冷開水，打汁即可飲用。

1. 秋葵食性較寒，添加少許生薑可以平衡。蘋果有強大的抗氧化作用，加上檸檬效果加倍。
2. 秋葵和蘋果的果膠都很豐富。嚴重便秘的人可不加生薑，打汁後另加1大匙蜂蜜，攪拌均勻後飲用。

明眸紅蘋馬鈴薯汁

【功效】明亮雙眼、消脂整腸、增加抵抗力。

【材料】檸檬冰塊3顆、馬鈴薯1顆、胡蘿蔔1條、蘋果1顆。

【做法】1. 馬鈴薯、胡蘿蔔、蘋果各自洗淨，連皮切塊。
2. 將檸檬冰塊和1放入榨汁機，榨汁立即飲用。

1. 馬鈴薯含有能開啟活力的碳水化合物，紅蘿蔔則有助於視力保健及美化肌膚等作用，早晨起床空腹飲用，效果最為理想。
2. 馬鈴薯一旦發芽則含有龍葵毒素，就請整顆丟吧！

活力萵苣牛蒡飲

強健骨骼

【功效】增強體力、降膽固醇、促進排便。

【材料】檸檬冰塊 3 顆、球型萵苣 1/2 顆、牛蒡 10 公分長、鳳梨 1/8 顆。

【做法】1. 球型萵苣撥開洗淨。牛蒡洗淨，去皮切片。鳳梨切片備用顆。

2. 將 1 放入果汁機中加 300cc 冷開水打勻。

3. 再加入檸檬冰塊，打汁即可飲用。

1. 檸檬的高維生素 C 讓萵苣和牛蒡不易褐變。但由於兩者都是寒性食物，建議在生理期間不要飲用。
2. 牛蒡含鐵量高，一經削皮容易變色氧化，所以最好要喝之前再切片，或是用開水稍微汆燙，迅速撈起再打汁。

山苦瓜蜂蜜檸檬汁

解毒降壓

【功效】清肝明目、消腫解毒、降低體脂肪。

【材料】檸檬冰塊 3 顆、小型山苦瓜 1 條、蘋果半顆、蜂蜜 1 大匙。

【做法】1. 以軟毛刷將山苦瓜徹底洗淨，去籽，除內膜，切小塊。蘋果同去籽。

2. 將苦瓜和蘋果用榨汁或是放入果汁機中加水打勻後，再加入檸檬冰塊一起混合拌勻即可飲用。

1. 苦瓜鹼有抑制腫瘤作用，能清熱解毒，明目清肝。白苦瓜口感較為不苦，怕苦的人可以先試，等適應後再挑戰清熱作用最強，同時也最苦的山苦瓜吧！
2. 苦瓜表面因凹凸不平，最好用軟刷仔細洗淨，若苦味真的太重，再加點鳳梨也可緩和苦味。

綠色奇蹟香蘋汁

防大腸癌

【功效】強化骨質、防高血壓、大腸癌。

【材料】檸檬冰塊 3 顆、小松菜 200 公克、蘋果 1 顆、蜂蜜 1 大匙。

【做法】1. 小松菜洗淨去根，並切片。蘋果去芯，若蘋果不含臘可連皮一起切塊。

2. 將小松菜和蘋果先榨榨汁，再加入檸檬冰塊和蜂蜜，攪拌均勻即可飲用。

1. 小松菜就是日本油菜，又稱為小油菜，以豐富的鈣、鐵和維生素而聞名，是打養生蔬果汁的理想食材。若不喜歡小松菜的葉菜味，可增加檸檬或加入鳳梨來調整風味。

2. 榨汁留下的小松菜渣可在煮粥時加入，放點香菇絲和玉米粒，最後加 2 顆檸檬冰塊攪拌均勻，起鍋前加 2 滴香油，就是吃的田園蔬菜粥。

護肝潤肺

西芹蜜桃青春露

【功效】清熱解毒、護肝潤肺、降血壓。

【材料】檸檬冰塊 3 顆、西洋芹 3 支、水蜜桃 1 顆。

【做法】1. 西洋芹洗淨切段。水蜜桃洗淨切半去籽。

2. 將檸檬冰塊和 1 放入榨汁機，榨汁立即飲用。

1. 不喜歡西洋芹氣味的人，可增加檸檬冰塊或加入半顆蘋果來調整風味。

2.「西芹蜜桃檸檬汁」的顏色很漂亮，可多打一點蔬菜汁，加中筋麵粉和鹽，做成麵疙瘩，吃起來味道很清香。

陽光樂園健康飲

增強抵抗力

【功效】強化視力、增強免疫力、抗老。

【材料】檸檬冰塊 3 顆、南瓜 150 公克、玉米粒罐頭 1/2 罐。

【做法】1. 南瓜洗淨，切開去籽，連皮切塊，放入電鍋中蒸，外鍋放半杯水。
2. 將檸檬冰塊、1 和玉米粒放入果汁機中，加 300cc 冷開水，打汁即可飲用。。

1. 使用新鮮玉米時可將玉米洗淨，和南瓜一起入電鍋蒸熟，然後再取下玉米粒打汁。
2. 玉米和南瓜含有大量的胡蘿蔔乾素，能預防眼睛黃斑病變，對抗視力退化，同時也也是很好的防癌食物，可預防乳腺癌、護腺癌、肺癌、結腸癌等。

排毒養肝

紅色活力柳橙汁

【功效】養肝排毒、造血、預防腦血管栓塞。

【材料】檸檬冰塊 3 顆、中型甜菜根 1 顆、柳丁 2 顆。

【做法】1. 甜菜根和柳丁洗淨，各自去皮切小塊。
2. 將檸檬冰塊和 1 放入果汁機中，加 300cc 冷開水，打汁即可飲用。

1. 甜菜根有神奇的紫甜菜紅素，有效預防貧血。其豐富的麩胱甘肽能協助肝臟細胞再生與解毒的功能，可以抑制癌症。
2. 血壓偏高的人，可加入 2 支西洋芹一起打汁。

生薑檸檬暖身茶

促進循環

【功效】促進血液循環、提高代謝率、降低膽固醇。

【材料】檸檬冰塊 3 顆、生薑 10 公克、紅茶包 1 個。

【做法】1. 將紅茶包放在杯中，注入 250cc 熱開水，大約燜 3 分鐘。
2. 生薑連皮洗淨，用研磨板磨成薑泥。
3. 取出茶包，把薑泥、檸檬冰塊放入茶湯中，攪拌均勻即可飲用。

1. 生理期間，可酌量添加 2 小匙黑糖，做成「黑糖生薑檸檬紅茶」，幫助經血順利排出。
2. 情緒低落時，改加 1 大匙蜂蜜，有助於舒緩精神壓力。

增強免疫力

黃耆山藥補氣茶

【功效】美胸、降血糖。

【材料】檸檬冰塊 3 顆、黃耆 5 公克、乾燥山藥 5 公克。

【做法】1. 將黃耆、山藥以水快速沖洗，加 600cc 清水煮沸，改以小火續煮 10 分鐘後熄火，燜 10 分鐘。
2. 準備一只保溫瓶，將茶湯倒入，再放入檸檬冰塊，拌勻即可飲用。

1. 山藥具有合成女性激素的前驅質，能改善內分泌，養顏美容。黃耆則有補氣降血糖的功效。中藥行可購買乾燥山藥「淮山片」。
2. 體質燥熱或是便秘、腹脹嚴重者最好少飲用。

桂氣蘋果蜜飲

暖脾健胃

【功效】促進血液循環、加強免疫系統。

【材料】檸檬冰塊3顆、桂皮10公克、蘋果半顆、蜂蜜1大匙。

【做法】1. 將買回的桂皮剪成小塊連同蘋果一起加入500cc清水煮沸，改以小火續煮10分鐘後熄火，稍微燜一下。

2. 準備一只保溫瓶，將煮好的茶飲過濾倒入，再放入檸檬冰塊。

3. 等冰塊融化，加入蜂蜜，攪拌均勻即可飲用。

1. 肉桂又稱為「桂皮」；具有活血通經的功效，孕婦不宜飲用。
2. 可用紅茶湯取代清水來煮桂皮，即成為香氣四溢的「肉桂檸檬紅茶」。

桂圓紅棗美顏茶

養顏美容

【功效】補血養氣、清火兼暖胃。

【材料】檸檬冰塊3顆、桂圓3大匙、紅棗12顆。

【做法】1. 紅棗快速沖洗和桂圓加600cc清水煮沸，改以小火續煮15分鐘，然後熄火。

2. 準備一只保溫瓶，將煮好的茶飲倒入，再放入檸檬冰塊，攪拌均勻即可飲用。

1. 桂圓紅棗茶能滋補養血，但有些人體質喝了會上火。加入檸檬正好可以清火，變成人人能接受的茶飲。灑點檸檬皮在茶湯中，會散發香哦！
2. 有感冒的人，少喝。

活力熱帶檸檬果茶

消除疲勞

【功效】補充熱量，提振精神。

【材料】檸檬冰塊 6 顆、柳丁 1 顆、百香果 1 顆、蘋果 1/2 顆、水蜜桃 1/2 顆、鳳梨 1/8 顆。

【做法】1. 將所有水果洗淨，柳丁去皮果肉切小塊，百香果挖出果肉和果汁，蘋果和水蜜桃連皮切小塊，鳳梨去皮切小塊。
2. 所有材料放入透明茶壺，加 1000cc 的水煮沸，改以小火續煮 10 分鐘。
3. 熄火後，再燜 10 分鐘即可。

小提醒

1. 所有水果可隨個人喜好而更改。
2. 需要咖啡因提神的人，可加 1 至 2 個紅茶包一起煮。

調經止痛

紅顏玫瑰檸檬茶

【功效】美白養顏、護肝解勞。

【材料】檸檬冰塊 3 顆、乾燥玫瑰 10 公克。

【做法】1. 將玫瑰花放入杯中，注入 250cc 熱水，蓋上杯蓋。
2. 燜 10 分鐘後，將茶湯過濾，再放入檸檬冰塊，攪拌均勻即可飲用。

小提醒

1. 泡茶用的乾燥玫瑰，最好挑選顏色較粉紅或紅色較理想。
2. 玫瑰能美顏調理經期之功效，平時可用做保健飲，但生理期間則要暫停別喝，以免經血過多。

幸福洛神梅花茶

【功效】降血脂、抗皺美肌、護肝。

【材料】檸檬冰塊 3 顆、洛神花 10 公克、烏梅 2 顆、蜂蜜 2 大匙。

【做法】1. 將洛神花、烏梅先洗淨，加 600cc 清水煮沸，改以小火續煮 5 分鐘

2. 可再燜約 10 分鐘，過濾茶湯，再入檸檬冰塊和入蜂蜜，攪拌均勻即可飲用。

1. 洛神花含有豐富的花青素、維生素和蘋果酸，可增加皮膚的保水度，促進新陳代謝及緩解身體疲勞，和檸檬同樣偏酸，因此腸胃功能不佳的人最好飯後再飲用，可幫助分解脂肪哦！
2. 烏梅，同樣富含蘋果酸、檸檬酸等，有抗菌，增強組織細胞的功能。用來解酒，止孕吐也很用幫助哦。

舒壓甘菊薄荷茶

【功效】紓壓排毒、美膚、助消化。

【材料】檸檬冰塊 3 顆、洋甘菊 5 公克、薄荷葉 5 公克、綠茶包 1 個。

【做法】1. 紅將洋甘菊、薄荷葉、綠茶包放在杯中，注入 250cc 熱開水，蓋上杯蓋。

2. 燜 3 分鐘取出茶包，再燜 5 分鐘。

3. 將茶湯過濾，倒至另一只杯中，放入檸檬冰塊，攪拌均勻即可飲用。

1. 洋甘菊具有很好的鎮定效果，睡前加點蜂蜜調和，可幫助入眠。感冒時，也能緩解不舒服的情況。
2. 加點枸杞，做成「洋甘菊枸杞茶」，既能緩解情續，對眼鏡有保健作用哦！

降血脂

雙耳枸杞潤顏茶

【功效】潤澤肌膚，降血壓。

【材料】檸檬冰塊 6 顆、白木耳 5 公克、黑木耳 2 朵、枸杞 1 小匙、冰糖 2 大匙。

1. 大雙色木耳有植物燕窩之稱，有豐富的膠原蛋白，熱量極低，能養顏美容還能提升免疫力哦！
2. 貧血的人可在打汁時，添加 1 小匙葡萄乾。

【做法】1. 白木耳以冷水浸泡 20 分鐘，反覆洗淨後，去蒂頭，切成小塊。

2. 黑木耳以水洗淨，切成小塊。枸杞以水快速沖洗，瀝乾。

3. 將雙色木耳和枸杞放入果汁機，加 1000cc 清水，以最大轉速打碎。

4. 倒入鍋內，先煮沸後再改以小火續煮 15 分鐘。

5. 加入冰糖調味，融化後熄火，再放入檸檬冰塊，攪拌均勻即可飲用。

Chapter 2

每天來一杯健康檸檬飲是很重要的。持續下去，就會發現檸檬驚人的神奇力量。檸檬的清新與酸香，會增添食材的風味和甜味。還可以取代過多的調味品，讓食材變得清爽。美味的同時還能兼顧健康，身為家中大廚的妳快來試看看吧！

巴沙米可優格醬

利用酸酸甜甜的巴沙米可醋作為調味的基底，調入原味優格和檸檬冰塊，取代高油的沙拉醬，給人無負擔的輕鬆感，還能品嚐歐式醬料的美妙風味哦！

食材

- 優格 120g
- 檸檬原汁冰塊 25g
- 番茄醬 1 大匙
- 巴沙米可醋 1/2 小匙
- 鹽巴少許
- 黑胡椒粉少許

料理關鍵

★ 調製好的優格醬，可依料理需求，自行加入額外的檸檬汁、優格或蜂蜜來微調濃度與甜度。

做法

1 檸檬原汁冰塊放室溫融化，把優格放入大碗公中，徐徐加入融化的檸檬原汁攪勻。

2 下鹽巴與黑胡椒粉拌勻。

3 最後加進番茄醬和巴沙米可醋拌勻即可。

檸檬油醋醬

散發著清新香草味道的油醋醬，是利用橄欖油調和巴沙米可醋和新鮮香草，加入檸檬後，降低了油膩感。香草可隨喜好變換，讓醬料也有意想不到的驚喜。

食材與調味料

- 特級初榨冷壓橄欖油 90c.c.
- 檸檬原汁冰塊 50g
- 巴沙米可醋 1 大匙約 15c.c.
- 新鮮百里香 2~3 枝或巴西里 1 株或義式綜合香草粉 1 小匙
- 鹽巴 1/4 小匙

做法

1 將檸檬冰塊放入容器，待融化後加入鹽巴攪拌至溶解。

2 將新鮮香草切碎加入，或改用義式綜合香草粉拌勻。

3 加入巴沙米可醋拌勻，再慢慢加進初榨冷壓橄欖油，攪拌均勻使醬汁呈現半乳化狀態。

4 如搭配的食材包含葷類，醬汁裡可加放 2 小匙蒜泥。

料理關鍵

★ 新鮮香草會比香草粉來的好，若改用義式綜合香草粉雖然相當方便，但由於乾燥品的香氣已濃縮，用量比新鮮的香草要少一些。

★ 檸檬油醋醬靜置幾分鐘後會「油水分離」，食用前先攪勻，再淋於食材。

泰式酸辣醬

這款醬料結合所有泰式料理的迷人元素，特別是檸檬扮演畫龍點睛的角色。學會調製的配方，在家做泰國菜，絕對是信手拈來。

食材

- 蒜頭 15g
- 紅蔥頭 20g
- 辣椒 15g
- 香菜梗（去葉）10g
- 檸檬原汁冰塊 50g
- 椰糖（或砂糖）30g
- 魚露 2 小匙
- 水 2 大匙

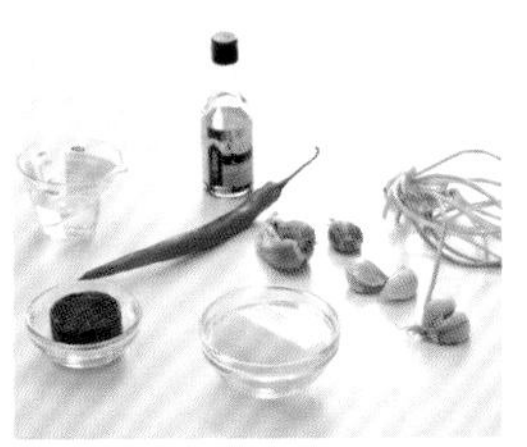

料理關鍵

★ 魚露煮過之後，氣味將變得溫和。

★ 若非當天使用，先不放入香菜梗，以免變黃影響賣相。

做法

1 椰糖、魚露加水一起煮到椰糖溶解，加入檸檬原汁冰塊降溫。

2 蒜頭去皮後切細末或壓成泥，紅蔥頭去皮後洗淨，切末；辣椒與香菜梗洗淨後切碎。

3 把步驟 1 與步驟 2 處理好的材料，攪拌均勻。

塔塔醬

微酸的塔塔醬搭配海鮮及炸物超級合拍，醃漬過的酸黃瓜與酸豆調和美乃滋與黃芥末醬的濃厚甜膩。而檸檬提顯了醬料的美味度。不妨多調一些，冷藏起來備用。

食材與調味料

美乃滋 120 g
洋蔥 20g
巴西里（梗）2 小支
酸黃瓜 10g
酸豆 10g
水煮蛋 1 個
檸檬原汁冰塊 25g
黃芥末醬 1/2 小匙
鹽巴 1/4 小匙
胡椒粉 1/8 小匙

料理關鍵

★ 檸檬的清新酸香平衡這款醬料的濃稠感。

做法

1 洋蔥、巴西里（梗）、酸黃瓜、酸豆和水煮蛋分別切碎末。

2 檸檬原汁冰塊融化後，與美乃滋、黃芥末醬、鹽巴與胡椒粉拌勻。

3 加入做法 1 的材料，攪拌均勻。

明太子抹醬

以醃漬過的鱈魚卵為主原料來調製醬料，在檸檬的調香之下，降低魚卵的鹹腥味與美乃滋的濃膩感，用來拌麵或當抹醬都很誘人。同時，醬料入口時產生的波滋波滋口感也相當有趣。

食材

- 明太子 60g
- 橄欖油 1 大匙
- 美乃滋 3 大匙
- 味醂（みりん）2 小匙
- 日式醬油 1 小匙
- 山葵醬 1 小匙
- 檸檬原汁冰塊 20g

做法

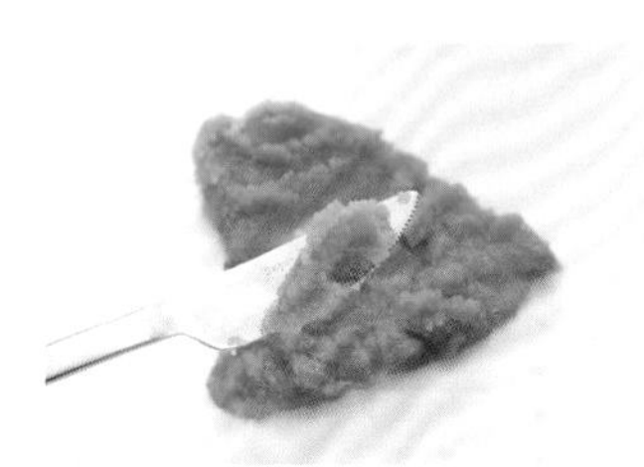

1 小心剪開明太子薄膜，用奶油刀或湯匙刮出明太子。

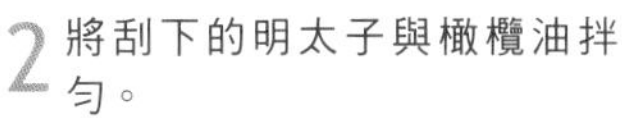

2 將刮下的明太子與橄欖油拌勻。

3 加入美乃滋與檸檬原汁冰塊攪勻。

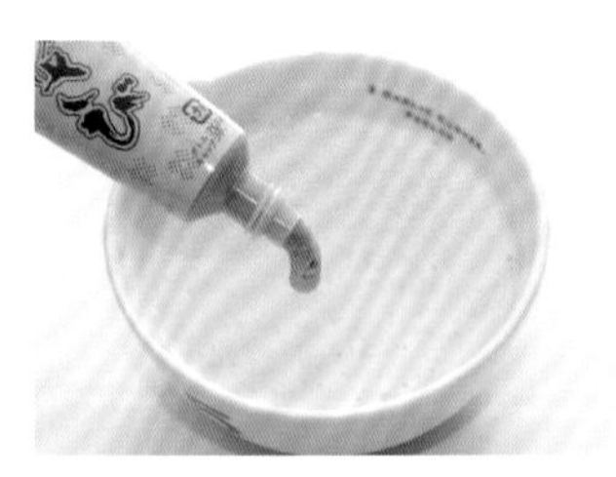

4 最後放入味醂、日式醬油與山葵醬，混合均勻。

料理關鍵

★ 調製好的醬料密封冷藏，保存期限至少一星期。

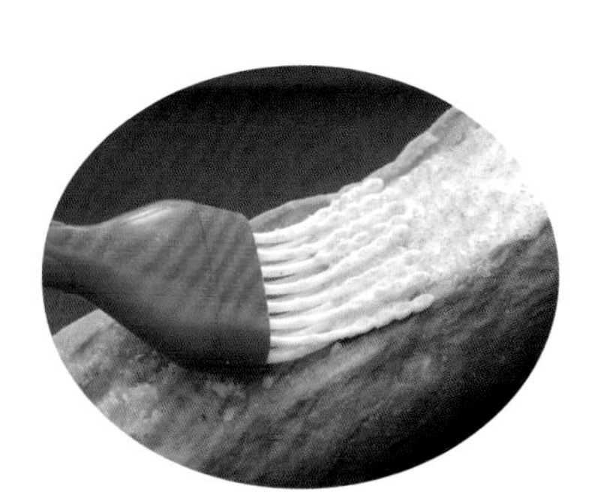

刷在法國麵包上，美味加分！

檸檬蛋黃醬

這款質地濃稠，風味卻清爽的檸檬蛋黃醬，是享用英式下午茶點裡的司康時，不可或缺的基本抹醬。同時，它也是製作甜點時優選的夾餡，滋味簡單卻絕對經典可口。

食材

- 無鹽奶油 100g
- 砂糖 100g
- 全蛋 2 顆約 100g
- 蛋黃 1 顆約 20g
- 檸檬原汁冰塊 75~100g（酸度自行調整）

（此劑量約可做出 400c.c. 左右的成品）

料理關鍵

★ 檸檬原汁冰塊使蛋黃醬在香濃中帶有清爽的風味。可自行調整酸度。

做法

1 檸檬原汁冰塊放室溫融化，蛋打散並過濾使質地細緻。

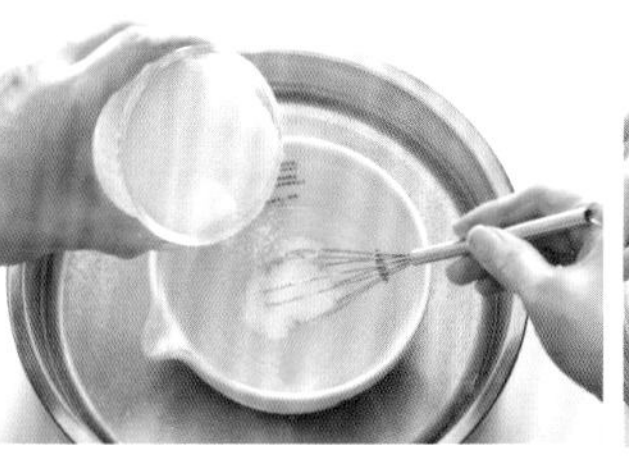

2 奶油放室溫回軟，以隔水加熱的方式煮融（外鍋的水保持中溫，無須煮沸）。分次加入砂糖到融化奶油中，保持攪拌至砂糖溶解。

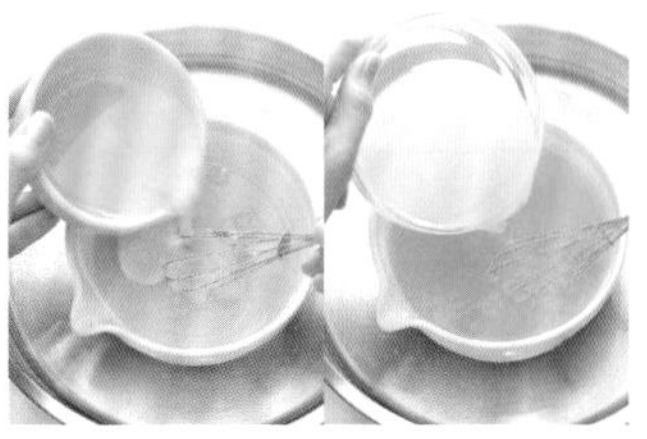

3 分次加入蛋汁，保持攪拌，使與奶油充分拌合。繼續攪拌，並分次加入檸檬汁，攪拌均勻。

4 分裝至耐熱的玻璃容器中，放涼後密封冷藏。

梅香涼拌青木瓜

以涼拌的方式保留青木瓜的脆口度與大量酵素，再用清新宜人的梅子檸檬醬汁來調味，輕鬆成就這道熱量低、味道清爽且健康滿點的開胃菜。

食材與調味料

中型青木瓜半條（約400g）
梅子果醬 30g
檸檬原汁冰塊 50g
冷開水 2 大匙約 30c.c.
梅粉 1 大匙約 10g

做法

1 青木瓜洗淨後切去蒂頭，剖半挖去囊籽，削皮後，續以削皮刀將瓜肉刨成薄片。

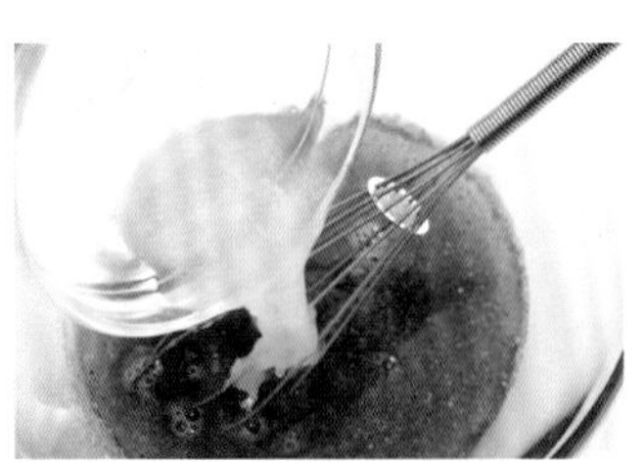

2 取一大碗公或玻璃容器，將所有調味料拌勻。

3 將青木瓜片與醬料拌勻。

4 冷藏 2~4 小時即可食用，醃漬期間可壓重物或勤快翻動，使瓜片能均勻吸收醬料。

料理關鍵

★ 市售果醬甜度偏高，加入檸檬原汁冰塊可調整甜度並提香，一舉兩得。

淺漬彩色胡蘿蔔

以「淺漬」手法來醃漬蔬果，可保留較好的蔬果外觀與色澤，且少鹽多健康。選用栽種於雲林東勢的彩色胡蘿蔔較無生澀味，顏色繽紛亮眼，相當適合做為開胃小菜。

食材與調味料

彩色胡蘿蔔數根，各色約取 70g，總取 350g
白蘿蔔 1 根，取 100g
鹽巴 20g
檸檬原汁冰塊 75g
蜂蜜醋或水果醋 20c.c.
砂糖 90g

做法

1 將所有蘿蔔刷洗乾淨，瀝乾，以餅乾壓模或水果挖球器挖取蘿蔔。

2 將造型蘿蔔加鹽巴抓勻，靜置 20~30 分鐘。

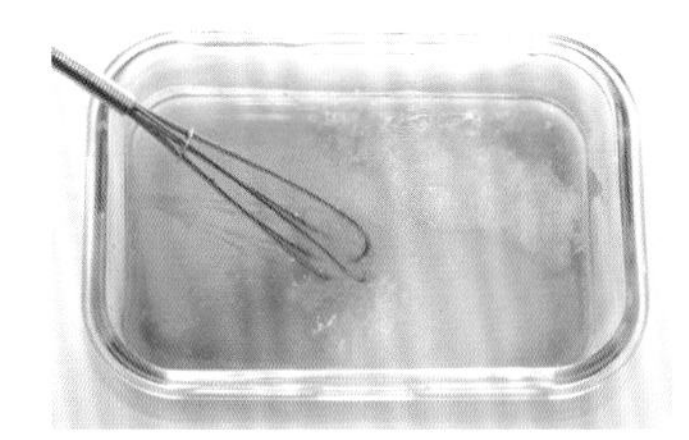

3 把檸檬原汁冰塊、蜂蜜醋與砂糖放入可密封的玻璃保鮮盒中，攪拌至砂糖溶解。

4 用冷開水沖洗蘿蔔外的鹽份，瀝乾蘿蔔後與醃料拌勻，將保鮮盒蓋緊，用力搖晃使蘿蔔與醃料混合均勻，冷藏一天。

料理關鍵

★ 壓出造型所剩的零星胡蘿蔔可用來炒菜、煮湯或煮咖哩，也可切碎與絞肉混合成肉餡。
★ 紫黑色胡蘿蔔富含花青素，醃漬期間釋放出天然色素使醃汁轉為紫紅色，建議另裝一瓶，避免影響其他胡蘿蔔的成色。

絲絲入扣

炎炎夏日裡，利用色彩繽紛的蔬菜拼出一道美麗涼拌菜，再淋上酸香微辣的特調醬料，不僅視覺上獲得滿足，且開胃又消暑。

食材

- 花枝 100g
- 乾燥寒天絲 5g
- 洋蔥 50g
- 小黃瓜 1 條 100g
- 黃彩椒 50g
- 紅彩椒 50g
- 檸檬原汁冰塊 25g

調味料

- 蒜泥 1/2 小匙
- 醬油 1.5 大匙
- 味醂 2 大匙
- 醋 1 大匙
- 唐辛子五味粉（日式辣椒粉）1/2 小匙
- 砂糖 1/2 小匙
- 鹽巴 1/4 小匙
- 檸檬原汁冰塊 25g
- 香油 1 小匙

做法

1 寒天絲切段快速汆燙後，泡入檸檬冰開水裡 3 分鐘左右，瀝乾後鋪盤底。

2 將小黃瓜、彩椒切絲；洋蔥切細絲後浸泡於加入檸檬冰開水裡 10 分鐘，再取出瀝乾。

3 花枝切細條後汆燙，撈起後同樣泡入檸檬冰塊水裡，待降溫後取出瀝乾。

4 將調味料全部拌勻，均勻淋上即可食用。

料理關鍵

★ 洋蔥切絲浸泡於檸檬冰塊開水中，可有效降低辛嗆味並增加脆度。
★ 汆煮後的花枝放入檸檬冰開水中，可使肉質緊Q，同時壓腥提香。

泰味五色涼拌

色彩繽紛的蔬菜絲，可隨自己的喜愛任意搭配，淋上特調的醬汁，一口咬下有蔬菜的清甜，加上醬汁的提味，真是令人食指大動的南洋風味蔬食。

食材

細芹菜（去葉）50g
胡蘿蔔 1 小段約 30g
綠豆芽 100g
新鮮黑木耳 50g
聖女番茄 200g

調味料

蒜頭 10g
紅蔥頭 10g
辣椒 10g
香菜梗（去葉）5g
檸檬原汁冰塊 25g
椰糖（或砂糖）15g
魚露 1 小匙
水 1 大匙

做法

1 將所有食材洗乾淨，瀝乾。小番茄對切，鋪於盤底。

2 綠豆芽摘頭去尾，細芹切段，胡蘿蔔及黑木耳切細絲。

3 步驟 2 處理好的食材入沸水快速汆煮後，攤放在大盤子上散熱，降溫後混合，放在小番茄上。

4 把醬汁淋在食材上，醬汁做法請參考「泰式酸辣醬」（第 68 頁）。

料理關鍵

★ 西芹脆，細芹香，後者更適合這道涼拌菜。
★ 食材入滾水汆煮時間僅數秒，只要斷生味即可撈起，攤放或吹風扇散熱，以保持脆度。

芥末優格蘋果沙拉

酸嗆的黃芥末醬，混合原味優格與蜂蜜之後，口感溫和卻不失個性。酸酸甜甜的滋味，就是派對食物中最受歡迎的百搭醬料。

食材

- 蘋果（紅、青、黃、蜜，各種蘋果皆可）100g
- 吐司數片
- 檸檬原汁冰塊 30g
- 碎核桃 15g
- 水果乾 20g（可改成新鮮莓果）

調味料

- 優格醬 50c.c.，做法請參考「巴沙米可優格醬」（第 64 頁）
- 黃芥末籽醬 10g
- 蜂蜜 10g

做法

1 蘋果對切去核，切四方丁，泡在加了檸檬原汁冰塊的冷開水中約 5 分鐘後，撈起瀝乾。

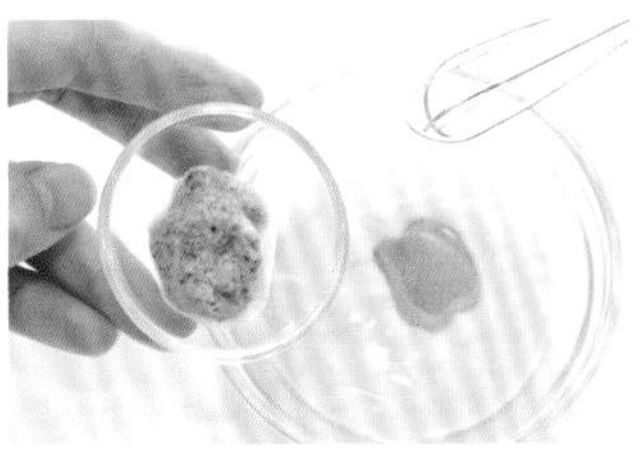

2 將所有調味料拌勻，備用。

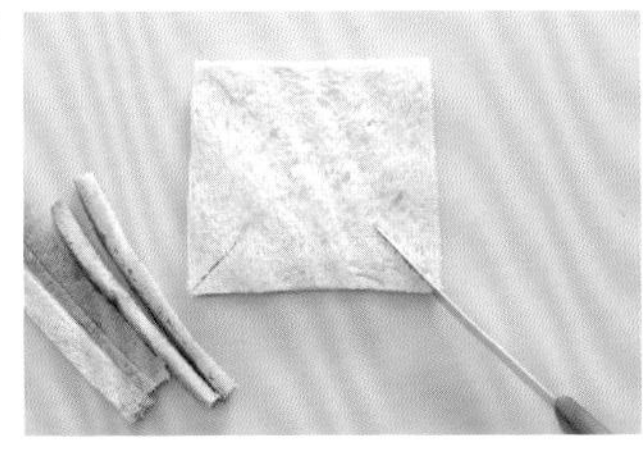

3 吐司去邊後，四個角各劃一刀。

4 四邊上下交疊使成碗狀，烘烤定型。

5 把蘋果丁鋪滿吐司盅。

6 再淋上調好的醬料，撒上碎核桃與水果乾。

料理關鍵

★ 蘋果切開後立刻浸泡於加了檸檬原汁冰塊的冷開水中，即可減少因接觸空氣容易產生的褐變。
★ 黃色芥末醬含有薑黃粉、芥末子、大蒜粉及些許的醋，因此味道略帶酸嗆。
★ 調入檸檬汁冰塊的芥末醬，會降低辣度，讓口感變得較為溫和，做為炸物的佐醬，有解膩的效果哦！

地中海式沙拉

利用大量的當季蔬果、香草及富含 Omega-3 的橄欖油搭配出豐富又健康的生菜沙拉，可以隨自己的喜好變換食材，乳酪丁的加入也大大提升了口感與營養，搭配各種主餐都合宜。

食材

檸檬原汁冰塊 20g
甜橙（香吉士、柳丁或橘子）1~2顆約 200g
酪梨 1/2 顆約 150g
牛番茄 1/2 顆約 100g
洋蔥 50g
生菜 100g
醃漬橄欖 30g
希臘乳酪丁（Feta cheese）50g
南瓜子 10g（或其他堅果）

調味料

特級冷壓橄欖油 45c.c.
檸檬原汁冰塊 25g
蜂蜜 1 小匙
鹽巴 1/8 小匙
新鮮香草 1 枝（巴西里、時蘿、百里香）或義式綜合香草粉 1 小匙

做法

1 香草與生菜洗淨後瀝乾，香草切碎，生菜視需要切成適口大小。

2 酪梨去皮後，取果肉切成易入口的大小，刷上「食材列」的檸檬冰水（事先加入半杯冷開水使融化）。

3 柳橙去皮，取果肉橫切成圓片。

4 牛番茄洗淨後，同樣去外皮，僅取果肉切成適口大小。

5 洋蔥去皮切絲，浸入檸檬水。

6 把「調味料列」的檸檬原汁冰塊放入容器，融化後與新鮮香草，以及其他所需的調味料，徹底攪拌均勻。

7 洋蔥絲取出瀝乾，與其他處理好的蔬果盛盤，放上醃漬橄欖、乳酪丁與南瓜子。

8 淋上調好的醬料。

料理關鍵

★ 怕褐變或氧化的蔬果切好後，先浸入檸檬冰塊水。

香燉海鮮米麵

看似燉飯，入口卻是百分百口感彈牙的義大利麵，飽飽吸足海鮮湯裡的鮮香甘甜，起鍋前再加入檸檬原汁冰塊，將濃郁的海鮮味變得更有層次。

食材

- 乾燥米麵 150g
- 蒜頭 20g
- 洋蔥 150g
- 風乾番茄 40g
- 海鮮料共約 500g
- 高湯 50c.c.
- 檸檬原汁冰塊 25g
- 巴西里 1 小株（可用乾燥品代替）

註：（此示範用淡菜、帶殼蝦、花枝、干貝與鮭魚）

調味料

- 番紅花絲 1 小撮
- 黑胡椒 1/2 小匙
- 鹽巴適量

做法

1 蒜頭與洋蔥去皮後切末、巴西里、風乾番茄切碎。番紅花絲以少許清水浸泡。

2 蝦子剔除腸泥、花枝斜刀刻花後切塊、花枝觸腳上的吸盤剪掉，淡菜與干貝洗淨、鮭魚切塊。

3 燒一大鍋水，待水沸後放鹽巴一大匙，下米麵煮至七分軟，大約 4~5 分鐘。

4 鍋裡放 1 大匙橄欖油，小火爆香蒜末與洋蔥末，放入海鮮料與番紅花絲（連同浸泡的水）拌炒，海鮮七分熟時取出。

5 倒入高湯燒開，加入風乾番茄與米麵燜煮 1 分鐘。

6 下調味料與檸檬原汁冰塊，把海鮮料重新放入鍋中燴煮 2 分鐘。

7 撒上巴西里碎末提味，即可食用。

料理關鍵

★ 米麵（Risoni 或 Orzo），是一種米粒形狀的義大利麵，在希臘和中東是很普遍的麵食種類。取代義大利米 Arborio，可縮短烹調時間。

★ 海鮮切忌煮過頭，以免風味與口感盡失。

明太子干貝焗飯

一道大人、小孩都很喜歡的焗烤飯，做法簡單，食材也可以任意調配，最後灑上乳酪絲能緊緊鎖住食材的原味。而調味裡的檸檬冰塊，能平衡乳酪與明太子的濃郁，讓焗烤料理也有爽口的美味。

食材

生干貝（退冰）150g
冷凍飯或隔夜飯 300g
紫蘇葉（可省）2 片
比薩專用乳酪絲 100g

調味料

明太子 20g
橄欖油 1 小匙
美乃滋 1 大匙
味醂（みりん）1 小匙
日式醬油 1/3 小匙
山葵醬 1/3 小匙
檸檬原汁冰塊 10g

料理關鍵

★ 焗烤料理的食材可以因個人喜歡而變換，記得把乳酪絲鋪滿就可以！

做法

1 把冷凍飯或隔夜飯鬆鬆地填入烤皿，約八分滿，放上生干貝，淋明太子醬（做法請參考「明太子抹醬」，第 70 頁）。

2 紫蘇葉洗淨後擦乾，捲起後切細絲與乳酪絲一起灑上。

3 送烤箱，以 180°C 烤 15 分鐘左右，烤到乳酪絲融化且略帶焦黃。

中卷海鮮鑲飯

彈性絕佳的中卷，飽飽塞入米飯，經過烹煮後，米飯吸收了中卷的鮮甜，再淋上充滿異國風味的醬汁，光是色澤就非常誘人。一道零失敗的宴客菜上桌囉！

食材

中卷 1 尾約 300g
冷凍飯或隔夜飯 150~200g
檸檬葉 2 片
小番茄 100g
生菜 50g

調味料

蒜末 10g
紅蔥頭碎 10g
辣椒碎 10g
切碎的香菜梗（去葉）5g
檸檬原汁冰塊 25g
椰糖（或砂糖）15g
魚露 1 小匙
水 1 大匙

做法

1 冷凍白飯室溫下解凍或微波使米飯能撥鬆，拌入切絲的檸檬葉。

2 拉出中卷頭部，除去堅硬的部分與內臟，洗淨中卷身。用米飯塞飽中卷，開口以牙籤穿過封住。

3 烤箱以 180℃預熱，把中卷與對切的小番茄放入烤盤，滴些橄欖油。烤 15 分鐘左右。

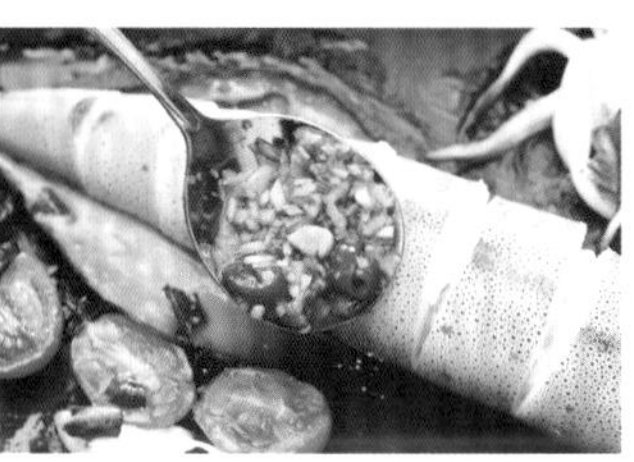

4 切開中卷，與小番茄一起放在鋪在洗淨的生菜上，最後淋上事先拌勻的調味料。

料理關鍵

★ 米飯寧可多準備，避免塞不滿花枝的窘境。
★ 可將多餘的檸檬葉撒在烤盤上一起烤。

檸檬燻雞蝴蝶麵

檸檬汁有軟化肉質的效果，加上先醃後燻的處理，讓略澀的雞胸肉美味加乘，即使單吃都很美味，用來搭配義大利麵或夾三明治，就是野餐時最佳的餐點。

食材

- 雞里肌 5~6 條或雞胸肉半付約 200g
- 洋蔥 50g
- 蒜頭 15g
- 蝴蝶麵（乾燥，亦可改用其他造型的義大利麵）150~170g

醃料

- 檸檬原汁冰塊 25g
- 新鮮百里香 2 枝或乾燥義式綜合香料粉 1/2 小匙
- 檸檬椒鹽 1 小匙
- 橄欖油 1 大匙

煙燻料

- 二號砂糖（黃砂糖）30g
- 麵粉 25g
- 茶葉 5g

調味料

- 檸檬椒鹽 1/2 小匙
- 帕梅森乳酪適量

做法

1 剪去雞里肌上的白筋後，以醃料抓匀醃半小時，再放入電鍋蒸熟（外鍋 1 杯水）。

2 炒鍋鍋底鋪上一層錫箔紙，倒入煙燻料（混合），架上刷了油的烤架。

3 將蒸好的雞里肌放在網架上（雞汁勿丟），蓋鍋蓋，開中大火加熱。約 10 分鐘，熄火不掀蓋，續燜 2~3 分鐘使上色。

4 燒開一大鍋水將蝴蝶麵煮熟，麵、水與鹽的比例為 1:10:0.1，撈出備用。

5 洋蔥與蒜頭去皮後切細末，燻雞切片。

6 鍋裡放 1 大匙橄欖油，小火炒香洋蔥與蒜末，放入煮好的蝴蝶麵與蒸雞里肌得到的雞汁，下檸檬椒鹽調味後，起鍋裝盤。

7 把燻雞片鋪在麵上，撒點帕梅森乳酪粉。

越南牛肉河粉

清爽的湯頭，滑嫩的牛肉，總有一股說不出的好滋味。
隨著加入檸檬汁的多寡，湯頭滋味也會變得不一樣，
像是著了迷，每一次都是碗底朝天。

高湯食材

牛腩 350g
牛骨 500g
草果 2 顆（敲破）
八角 1 個
桂皮 1 塊
月桂葉 1 片
花椒粒 1 小匙
白胡椒粒 2 小匙
洋蔥 1 個約 200g
薑 10g

牛肉河粉食材（2 碗）

牛肉片（薄）200g
乾燥河粉 180~200g
牛高湯 450c.c.
洋蔥 30g
綠豆芽 100g
檸檬原汁冰塊 25g
九層塔 15g
辣椒 1 根

牛肉河粉調味料

鹽巴適量
黑胡椒粉 1/4 小匙

熬製高湯做法

1 備半鍋水燒開，汆燙牛腩與牛骨至外表變色後，取出骨肉刷洗去凝固的血塊。

2 將處理好的牛腩與牛骨，連同洋蔥、薑與所有乾燥辛香料放入深鍋中，注水2公升，中火燒開後，取出牛腩（可做其他料理），轉中小火，續燉至少半小時。

3 瀝掉所有材料，所得之清湯即為牛高湯。可直接用以料理或放涼冷藏，撇掉凝固在表面的脂肪，則高湯更清爽健康。

牛肉河粉做法

1 洋蔥切絲、綠豆芽摘根部後洗淨、九層塔取葉洗淨、辣椒洗淨後切碎。

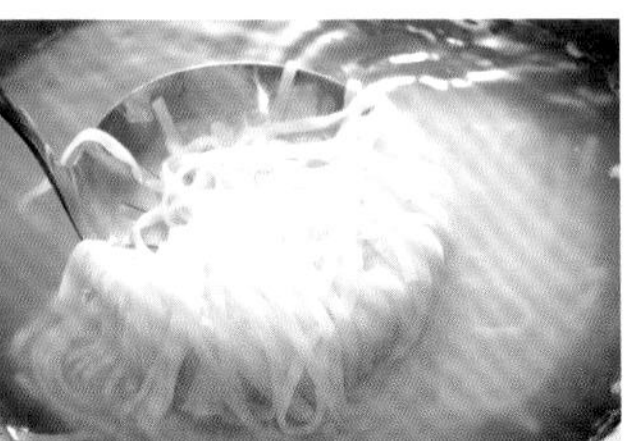

2 中火燒開高湯（小火保持沸騰），另起水鍋將河粉煮軟，瀝乾後置放碗中。

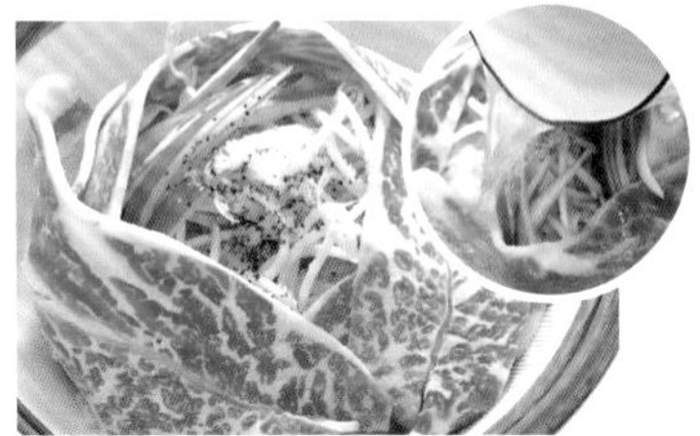

3 先鋪上洋蔥、綠豆芽與調味料，再平鋪一層牛肉片。燒滾的高湯澆淋在牛肉片上，將肉片燙熟。

4 放入檸檬原汁冰塊使融化，最後放上九層塔，隨附辣椒。

料理關鍵

★草果使用前須敲破，才能熬出味道。熬製高湯前，骨與肉先行汆煮，洗去凝固的血塊，之後熬煮時，湯色較清澈，高湯也較無雜味。

特製牛柳口袋餅

把大量的辛香料與新鮮時蔬，以及汆煮好的牛柳，通通裝入軟中帶韌的口袋餅裡，不但基礎營養都備齊了，多層次的口感與豐富的調味更是令人大滿足！

食材

- 口袋餅 2~3 個（pita，直徑 15 公分左右）
- 生菜 50g
- 牛肉絲 200g
- 洋蔥 50g
- 青蔥 1 根約 15g
- 番茄 100g
- 芹菜（去葉）50g
- 香菜（葉）5g
- 太白粉 2 小匙
- 檸檬原汁冰塊 25g

調味料

- 泰式甜辣醬 2 大匙
- 蒜泥 10g
- 紅辣椒末 10g
- 香菜（梗）末 5g
- 檸檬原汁冰塊 25g
- 魚露 1 大匙
- 椰糖（或砂糖）5g

做法

1 將食材中的檸檬冰塊放入半杯白開水中融化，洋蔥去皮後與洗淨的青蔥一起切成細絲，浸泡在檸檬冰塊水中，10 分鐘後瀝乾備用。

2 生菜洗淨瀝乾，芹菜切段，香菜葉切碎，番茄切成適口大小。

3 取一大碗公將所有調味料調勻。

4 燒半鍋水，牛肉加 2 小匙醬油抓醃幾分鐘，水開時，將牛肉以太白粉抓勻，一一放入滾水汆煮，變色時即可撈出。

5 將洋蔥、青蔥、芹菜、香菜、番茄、牛肉與醬料拌勻。

6 口袋餅對切後稍微烤熱，拉開餅口，將生菜與拌好的材料填入餅中。

料理關鍵

★ 將切絲的洋蔥與青蔥浸泡於檸檬冰塊水中，可降其辛嗆味，並增加爽脆感。

中東風味雞柳比薩

用色澤鮮黃夾帶著香氣的薑黃和荳蔻粉做為醃料，讓食材展現出異國風味。以中東特有的餅皮做為比薩餅，為一成不變的日常飲食增添變化的樂趣！

食材

- 皮塔餅 3 張（pita，直徑 15 公分左右）
- 雞胸肉 150g
- 洋蔥 1/3 顆約 80g
- 蒜頭數瓣約 15g
- 香菜 1 小株約 5g
- 水分少的蔬菜（例如彩椒）100g
- 醃漬橄欖 30g
- 比薩專用乳酪絲 100g
- 山羊乳酪丁（亦可使用比薩專用乳酪絲代替）30g

醃料

- 檸檬原汁冰塊 20g
- 薑黃粉 1/2 小匙
- 荳蔻粉（nutmeg）少許
- 胡椒粉少許
- 鹽巴少許

做法

1 洋蔥與蒜頭分別切絲、切末，香菜洗淨切碎，蔬菜洗淨後切為適口大小。

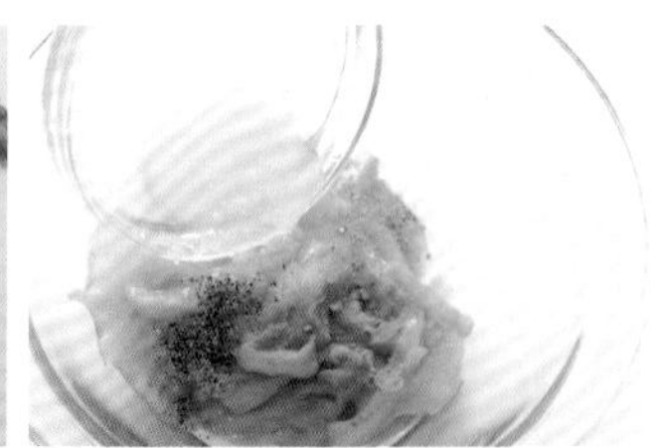

2 雞肉切絲後用醃料抓醃半小時（可額外加點橄欖油，增加雞肉潤口度）。

3 先鋪上一半的比薩專用乳酪絲在皮塔餅面，均勻撒上處理好的食材，再放上醃漬橄欖、山羊乳酪與剩下的乳酪絲，淋上橄欖油。

4 放入預熱好的烤箱，以 250℃ 烘烤到乳酪絲融化且略為焦黃，約 15~20 分鐘，出爐後可額外撒上香菜葉。

料理關鍵

★ 可買新鮮薑黃，取一小段磨成泥，代替薑黃粉來使用。

燻鮭酪梨貝果

酪梨如奶油般的口感，搭配香潤細緻且略帶煙燻風味的鮭魚，在微酸的檸檬汁提襯下，酪梨與鮭魚交織出絕妙口感。是夏日輕食中兼顧飽足感與美味度的最佳選擇。

食材

- 貝果 3 個
- 煙燻鮭魚片 100g
- 中型酪梨 1/2 顆（果肉淨重約 150g）
- 檸檬原汁冰塊 15g
- 蒜頭 5g
- 洋蔥 30g
- 香菜 5g
- 牛番茄 1/4 顆約 50g
- 生菜 50g
- 奶油乳酪 30g（cream cheese）

調味料

- 墨西哥辣椒 1 根（新鮮品或醃漬品皆可，依個人喜愛辣度決定用量）
- 橄欖油 1 小匙
- 鹽巴少許
- 黑胡椒粉少許

做法

1 生菜洗淨瀝乾，洋蔥去皮後切末，香菜洗淨瀝乾後切末，蒜頭去皮後切成細末或壓成泥。辣椒切碎；用軟皮專用削刀削去牛番茄外皮，挖除籽後，取果肉切丁；燻鮭魚切片。

2 切開酪梨成半，用湯匙把果肉挖出來，以檸檬原汁冰塊塗抹酪梨果肉防氧化，剩下的冰塊放容器裡融化。

3 生菜與燻鮭魚除外，將步驟 1 處理好的食材，連同酪梨與調味料一起拌勻，即為酪梨醬。

4 貝果切開後抹上奶油乳酪，再依序鋪上生菜、燻鮭魚與酪梨醬。

料理關鍵

★ 墨西哥辣椒（Jalapeño Peppers）在台灣不易購得，不妨改用罐頭醃漬品（Serrano Peppers），或使用一般剝皮辣椒來代替。

日式明太子焗洋芋

日式居酒屋的高人氣小點心，香滑的奶油乳酪遇上特製的日式醬料，輕鬆在家上演「深夜食堂」。

食材

馬鈴薯數個約 500g
新鮮巴西里 1 小株或乾燥巴西里碎 1 小匙

調味料

奶油乳酪（cream cheese）60g
明太子 20g
橄欖油 1 小匙
美乃滋 1 大匙
味醂（みりん）1 小匙
日式醬油 1/3 小匙
山葵醬 1/3 小匙
檸檬原汁冰塊 10g

做法

1 馬鈴薯刷洗乾淨（削皮或帶皮吃皆可），蒸熟或煮熟。放涼不燙手時切片，厚約 1 公分，平放在烤盤上。

2 將所有調味料混合成醬料，厚厚地抹在馬鈴薯片上。

3 送烤箱，以 200°C 烤 15 分鐘，烤到表面有點金黃。

4 巴西里洗淨後擦乾，切碎後撒在烤融的乳酪上。

料理關鍵

★ 先將馬鈴薯煮熟，可縮短焗烤時間。也能使用一般小烤箱來焗烤，主要把上層的調味烤熱就可以。
★ 若想再多些香潤口感，則在表面上鋪滿乳酪絲，焗烤到乳酪絲融化且略帶焦黃。

稻荷壽司

利用泡菜的色澤調出不同顏色的壽司飯，顏色繽紛。米飯吸收了昆布的甘甜，以及檸檬原汁的清香，最後填入有淡淡甜味的豆皮，入口酸甜清爽，老少咸宜。

食材

白米 2 杯
日本乾昆布 1 小塊
稻荷壽司專用豆皮 10 片
日式淺漬泡菜 2~3 種共約 60g 左右

調味料

檸檬原汁冰塊 25g
醋 35c.c.
糖 25g
鹽巴 1/4 小匙

做法

料理關鍵

★ 因為要拌入有鹹度的醃漬泡菜，故製作壽司醋時鹽巴減量；若不放泡菜或其他有鹹度的菜料，鹽巴可放足 1 小匙。

1 白米洗淨，放昆布並注入與白米等量的水，靜置 20 分鐘左右。電鍋外鍋放一杯水，放入白米蒸上約 25 分鐘，開關跳起。（電子鍋則設定「壽司飯」模式）

2 檸檬原汁冰塊融化後，與其他調味料拌勻，即為壽司醋。

3 米飯煮好時取出昆布，趁熱淋上一半的壽司醋，用飯勺輕輕「切撥」，儘量保持米粒完整。最好能拿把扇子在旁搧風，加速米飯水氣揮發並增加Q度。最後慢慢拌入剩餘的壽司醋。

4 大致將壽司飯分成數等份，分別拌入切碎的泡菜。雙手以冷開水沾濕，將壽司飯兜攏成團，填裝到豆皮中。

咕咾肉

酸甜泡菜取代了只有甜味的鳳梨罐頭片，並加入了青椒和彩椒，色彩繽紛十分誘人，是一道宴客大方的家常菜。

酸甜泡菜食材

白蘿蔔 250g
紅蘿蔔 150g
小黃瓜 200g
鹽 2 小匙

調味料

檸檬原汁冰塊 75g
白醋 100c.c.
砂糖 150g
冷開水 100c.c.
鹽巴 1/2 小匙

酸甜泡菜做法

1 紅、白蘿蔔和小黃瓜刷洗乾淨後切成大小一致的條狀。可使醃製的口感與味道相同。

2 將切好的食材放入容器內，灑鹽搓勻，靜置 1 小時。

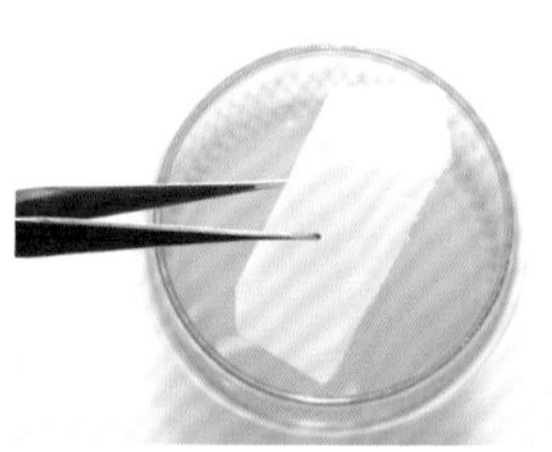

3 在乾淨的玻璃罐中放入調味與檸檬冰塊混合拌勻，即為醃汁。

4 以冷開水沖洗掉食材外覆的鹽分，稍微擠乾，再放進醃汁罐，密封冷藏，約半天可食用（以乾淨的筷子夾取，比免醃汁受汙染）。

咕咾肉食材

- 豬肉 300g
- 酸甜泡菜 200g
- 蒜頭 10g
- 太白粉或地瓜粉 1 杯

醃肉調味料

- 醬油 2 小匙
- 米酒 2 小匙
- 蛋黃 1 個

調味料

- 泡菜汁 100c.c.
- 番茄醬 2~3 大匙
- 檸檬原汁冰塊 25g
- 鹽少許
- 香油適量

咕咾肉做法

1 豬肉切成條狀與醃料先拌勻；半小時後，均勻沾裹太白粉，並靜置數秒使肉條「反潮」，即肉汁與太白粉充分結合，下油鍋時太白粉才不會散開。

2 混合泡菜汁、番茄醬與檸檬原汁冰塊，同時將蒜頭切末。

3 炒鍋裡放 1 杯油，以中火燒熱後下肉條，肉條底面定型後才翻動，炸至酥黃，撈出。

4 將炒鍋裡的油倒出，僅剩半大匙左右在鍋裡，以小火爆香蒜末。倒下步驟 2 的調味料，中大火煮滾後加入泡菜和炸好的肉塊，並以少許鹽巴調整鹹淡。翻炒過程肉條上的太白粉與湯汁融合，產生勾芡效果，起鍋前滴點香油。

料理關鍵

★ 以檸檬原汁冰塊取代純米醋調味，不但可降低醋酸氣，更加提升菜餚的清爽度。
★ 豬肉部位建議使用較嫩的「腰內肉」（小里肌），或「梅花肉」（胛心肉）。
★「咕咾肉」乃因其調味來自醃漬酸甜泡菜的「鹵汁」（醃料），而鹵汁可以重複鹵製新的泡菜，故稱「古鹵」，諧音「咕咾」。因此料理咕咾肉的最早方法，應是把炸過的豬肉與酸甜泡菜拌炒。
★ 脆口的酸甜泡菜，用來做涼拌菜或搭配燒烤、火鍋，甚至以之入菜，皆能達到解膩開胃之效。

香煎鮭魚佐時蘿美奶滋

油質分佈均勻的鮭魚，肉質厚實，簡單油煎就能享受它的香腴味美。而加了檸檬的醬料有壓腥的作用外，還巧妙平衡魚排的油潤喔！

食材

鮭魚排 250g 左右

醃料

- 時蘿（dill）1 小株 5g（可改用乾燥品）
- 黑胡椒粉 1/4 小匙
- 鹽 1/4 小匙
- 檸檬原汁冰塊 15g

調味料

- 美奶滋 50g
- 時蘿（dill）2 小株 10g（可改用乾燥品）
- 檸檬原汁冰塊 10g

做法

1 時蘿洗淨瀝乾後切碎，鮭魚需先吸乾水分。

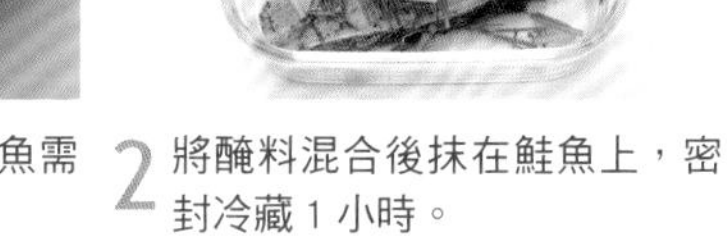

2 將醃料混合後抹在鮭魚上，密封冷藏 1 小時。

3 檸檬原汁冰塊融化後與其他調味料拌勻。

4 抹去鮭魚上的醃料，以廚用紙巾吸乾魚排外表水分。起油鍋，以中火將醃好的鮭魚煎熟，搭配做法 3 的醬料擺盤。

料理關鍵

★ 擔心魚排會沾鍋的事情發生，可事先將魚排輕裹一層粉類再下油鍋，地瓜粉、太白粉或玉米粉皆可。

竹筴魚一夜干

剛捕撈上岸的鮮魚，經過簡單醃漬與一個晚上的風乾，可鎖住肉質的鮮美與潤度，只消以烘烤或油煎的方式來料理，樸實中見真味。

食材

竹筴魚 3 條共約 800g 左右

醃料

檸檬原汁冰塊 50g
日式昆布 1 小段約 2g
海鹽 50g 左右
清水 500c.c.

做法

1 幫竹筴魚開背，劃到魚腹邊邊時停刀，使魚身展開卻不分開。除去內臟、眼與腮，清洗魚身。

2 將處理好的魚身浸泡於調勻的醃料中一小時（天熱時收冷藏）。

3 瀝乾水分，將魚身吊掛於陰涼通風處，風乾約一個晚上的時間。

4 可直火炭烤或烤箱烘烤，亦或放少許油乾煎皆可。

料理關鍵

★ 為確保一夜干的美味，盡量選擇濕度低且天氣好時來製作，且內臟、腮、眼等易腐部位，須清除乾淨。若天候不佳，可將魚身擦乾直接冷藏（不加蓋），讓冰箱的冷風將魚風乾。做好的一夜干如不馬上料理，可冷凍保存。

白酒淡菜

在歐洲濱海國家，肉質肥美富嚼勁的淡菜常是餐桌上的佳餚，普遍的吃法是用法國麵包蘸著燴煮淡菜的醬汁食用，更能充分品嚐淡菜的鮮美，另可搭配薯條。

食材

淡菜 400~500g
洋蔥 1/2 個約 100g
蒜頭數瓣約 15g
巴西里 1~2 株
辣椒（可省）1 根
橄欖油 2 小匙約 10c.c.
奶油 10g

調味料

檸檬原汁冰塊 15g
白酒 100c.c.
胡椒粉 1/4 小匙
鹽巴 1/3 小匙
橄欖油適量

做法

1 處理食材，將洋蔥、蒜頭、巴西里和辣椒切碎末，淡菜外殼刷洗乾淨。

2 鍋裡放入橄欖油與奶油，用小火爆香洋蔥與蒜末。

3 再改大火，下淡菜與白酒後加蓋燜煮至淡菜開八成。

4 放胡椒粉、鹽巴與檸檬原汁冰塊調味。

5 最後下辣椒與巴西里，並淋上少許橄欖油，拌勻後即可盛盤。

料理關鍵

★ 橄欖油與奶油一起加熱可避免奶油焦化。
★ 海鮮料理起鍋前，加入適量的檸檬原汁冰塊能壓腥提香。

歐香鹽焗蝦

飽滿新鮮，富有彈性的蝦肉，只要稍加處理，就能品嘗到食物原始的風味。利用粗鹽和慢火烘烤的烹調方式，將蝦的鮮甜一點一滴的鎖住。

食材

帶殼蝦 300g
粗鹽 500g

醃料

蒜泥 10g
辣椒 1 根約 15g
新鮮西式香草數支（迷迭香或百里香）或乾燥西式綜合香料 1 小匙
黑胡椒粉 1/4 小匙
檸檬原汁冰塊 25g
橄欖油 1 大匙

做法

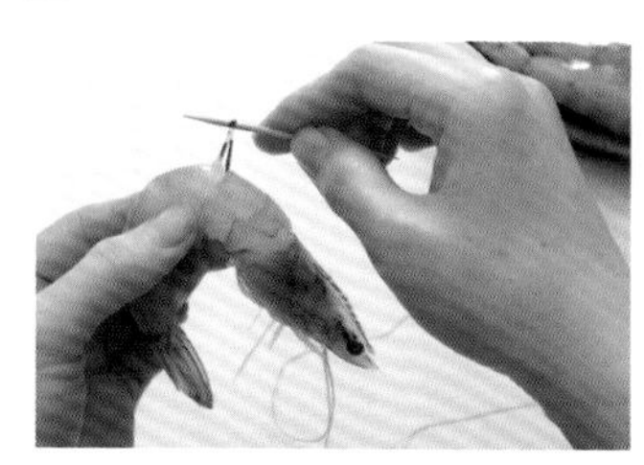

1 蝦子挑去腸泥，剪去長鬚。

2 檸檬原汁冰塊融化後和所有醃料拌勻，抓醃蝦子，約半小時。

3 粗鹽鋪放在鑄鐵烤盤上，燒熱後，先取出一半的粗鹽，用廚房紙巾把蝦子身上的水分吸乾，再鋪在粗鹽上，並覆蓋上先取出的粗鹽。

4 加蓋燜烤，至蝦頭轉紅，熄火，讓粗鹽的餘溫將蝦身燜熟。

料理關鍵

★ 醃料中加入檸檬原汁冰塊，更能提襯蝦子的鮮美。

香炸海鮮拼盤佐塔塔醬

每回進美式餐廳，總忍不住要點上大大一份炸物拼盤，無論是乳酪、雞塊、洋蔥圈或者海鮮，外裹的麵衣炸得金黃酥脆，趁熱蘸點微酸的塔塔醬，實在是宇宙無敵的美味呀！

食材

- 各色海鮮約 400~500g（這裡使用：魚、干貝、蝦仁、中卷）
- 麵粉 1 杯
- 雞蛋 1 顆
- 麵包粉 2 杯
- 塔塔醬 100c.c.（做法請參考「塔塔醬」，第 69 頁）

醃料

- 檸檬原汁冰塊 25g
- 蒜泥 10g
- 黑胡椒粉 1/2 小匙
- 鹽巴 1/2 小匙
- 橄欖油 1 大匙

做法

1 將魚切塊、干貝擦乾水分；蝦仁去腸泥；中卷去頭部及內臟等，洗淨後切圈狀。

2 檸檬冰塊先融化後與其他醃料拌勻，放入處理好的海鮮抓勻，醃約半小時。

3 依序將海鮮輕裹上一層麵粉，靜置一會讓麵粉吸附在海鮮上。接著涮一下蛋汁，再以按壓方式將麵包粉與海鮮黏合。

4 鍋裡放 2 杯油，中火燒熱到 150℃左右。分批將裹了麵衣的海鮮放入鍋中，先不翻動，待底面的粉漿定型後，再翻面炸熟（輕晃鍋子時可感覺海鮮隨著熱油移動）。與塔塔醬一起擺盤。

料理關鍵

★ 炸熟食材，若油量太少則食材無法在短時間裡炸透，質地易柴；且更易延長吸油時間。若不想使用大量的油，建議將食材分批下鍋油炸。另外，若有散落的麵包粉，請撈出，避免炸油轉黑。

泰北辣拌豬

長糯米吸足了檸檬葉的香氣，再拌入鹹香的肉末，食用時以美生菜當容器，包好一口咬下，滿口清爽滋味，還散發著淡淡的檸檬香。宴客時讓客人自己動手來包，頗有食趣。

食材

長糯米 1 大匙約 15g
檸檬葉 1 片
粗絞肉 300g
蒜頭 15g
綠豆芽 50g
薄荷葉 20g
高麗菜或美生菜（傳統用）數葉約 150g
九層塔 20g

調味料

紅蔥頭 30g
青蔥 1 根約 15g
香菜 20g
檸檬原汁冰塊 40g
魚露 1.5 大匙
冷開水 2 小匙
辣椒粉 1/2 小匙（辣度可自行調整）

做法

1 檸檬葉洗淨切絲與長糯米一起焙炒，再研磨為粉。

2 綠豆芽、薄荷葉、九層塔與高麗菜洗淨後瀝乾擺盤。豆芽菜氽燙與否皆可。

3 調醬汁：紅蔥頭去皮切細末，青蔥與香菜切碎末，放入容器內再與其他調味拌勻。

4 蒜頭去皮後切末，鍋裡放 2 小匙油，用小火炒香蒜末，改中大火，放絞肉翻炒到粒粒分明，再加入步驟 1 的糯米粉拌炒，最後淋上醬汁拌炒均勻，收汁起鍋。

料理關鍵

★ 特調醬汁決定了這道菜的風味，而檸檬香氣則是畫龍點睛的決勝祕訣！

炙烤花枝佐檸檬油醋

浸泡過檸檬水的蔬菜葉，提升清脆度；而泡過檸檬水的海鮮，少了腥味多了鮮甜。加以燒烤的方式保留食材原味，食用前再淋上特調的檸檬油醋，既健康又解燥膩。

食材

中型花枝或軟絲 1 隻約 300g
檸檬原汁冰塊 50g

玉米筍 5 枝約 100g
生菜 50g
小番茄數顆 100g

調味料

特級初榨冷壓橄欖油 5 大匙
檸檬原汁冰塊 25g
巴沙米可醋 1 大匙
新鮮巴西里 1 枝或義式綜合香草粉 1 小匙
鹽巴 1/4 小匙
蒜頭 10g
紅辣椒 10g

做法

1 小番茄與玉米筍洗淨瀝乾對半切；生菜洗淨後，浸入檸檬冰塊水（檸檬原汁冰塊 25g 與冷開水 2 杯），10 分鐘後瀝乾。

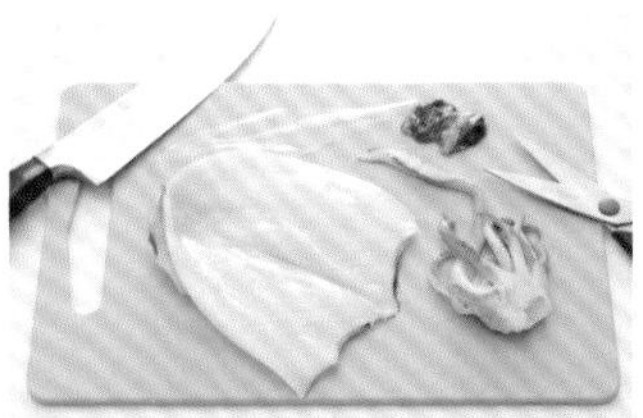

2 花枝身對剖成半，清除深色外皮與內臟，頭部堅硬處亦剔除，並剪去觸腳上的吸盤。

3 把花枝浸入檸檬冰塊水（檸檬原汁冰塊 25g 與生水 2 杯），10 分鐘後瀝乾備用。

4 蒜頭去皮後，切成細末；紅辣椒切除蒂頭後去籽，再切成細末。取一容器將所有調味料攪拌均勻。

5 鐵板燒熱後刷上食用油，將花枝與玉米筍鋪平在烤盤上，兩面烤熟。

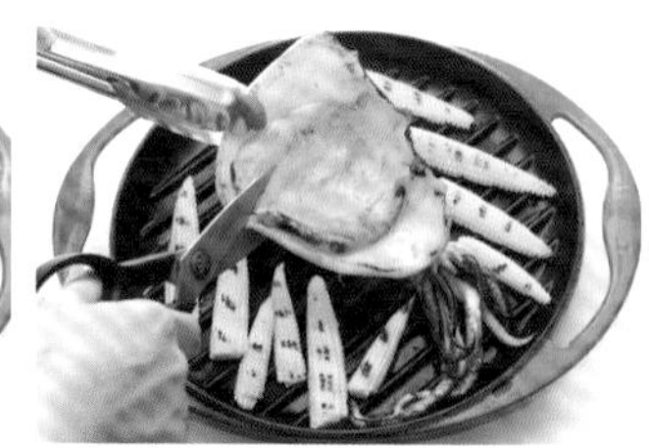

6 用廚剪將花枝剪成適口大小。

7 盤子上先以生菜與小番茄襯底，再鋪上花枝與玉米筍。

8 食用前淋上醬汁。

料理關鍵

★ 自製檸檬油醋比市售烤肉醬更健康、更解烤物之燥膩。

沙嗲烤肉串

具有特殊風味的薑黃、孜然與咖哩，是南洋料理中不可或缺的重要調味，以之與椰漿調和後再來醃肉，烤製成令人食指大動的肉串。食用時，蘸點香濃的咖哩花生醬，美味無法擋。

食材

雞肉 400g
小黃瓜 1 條

醃料

沙嗲醃粉 25g
椰 奶（coconut cream）3 大匙約 45c.c.
蒜頭 15g
檸檬原汁冰塊 15g

調味料

花生醬 2 大匙
羅望子醬 1 大匙
椰糖 15g
椰奶 80c.c.
醬油 2 小匙
辣椒 1 根約 10g
咖哩粉 2~3 小匙
檸檬原汁冰塊 10g

做法

1 蒜頭去皮壓泥狀，辣椒切末，小黃瓜刨薄片後鋪盤底。

2 雞肉切小塊，以醃料醃上，至少兩小時（夏天收冷藏）。

3 花生醬、羅望子醬、椰糖與椰奶邊以小火加熱，邊攪勻後再加入醬油拌勻。

4 熄火前加入辣椒末、咖哩粉與檸檬原汁冰塊拌勻，放涼即為蘸醬。

5 用竹籤穿起醃好的雞肉，烤熟後放在小黃瓜片上，蘸醬食用。

料理關鍵

★ 沙嗲醃粉在許多專賣南洋商品的小雜貨店都有販售。烤串之外，別忘了準備一些薑黃飯、小黃瓜或炸蝦片，盡興享用南洋沙嗲套餐！
★ 自製薑黃飯很簡單，白米剛蒸好時，趁熱拌入薑黃粉、椰奶與鹽巴。

油煎里肌排佐檸檬香茅醬

巧妙使用泰式辛香料與調味料，讓油煎菜色也有清爽的風味。做法簡單卻十分耐吃，特別適合在火傘高張的酷夏，做為家常料理，或者帶便當也很適合唷！

食材

里肌排 200g
高麗菜 100g
檸檬原汁冰塊 25g
註：冰塊可與冷開水先調成冰水

醃料

蒜末 10g
泰式香茅調味鹽 1 小匙約 5g
橄欖油 1 大匙

調味料

香茅 2 支
泰式香茅調味鹽 2/3 小匙左右
檸檬原汁冰塊 50g
香菜 1 株約 5g
辣椒半根
橄欖油 2 大匙
清水 90c.c

做法

1 里肌排切 0.5 公分厚片，用肉槌拍鬆，加入醃料抓勻，靜置 1 小時（夏天收冷藏）。

2 香茅切斜片，用橄欖油爆香，加入檸檬冰塊煮化，以泰式香茅調味鹽調味。

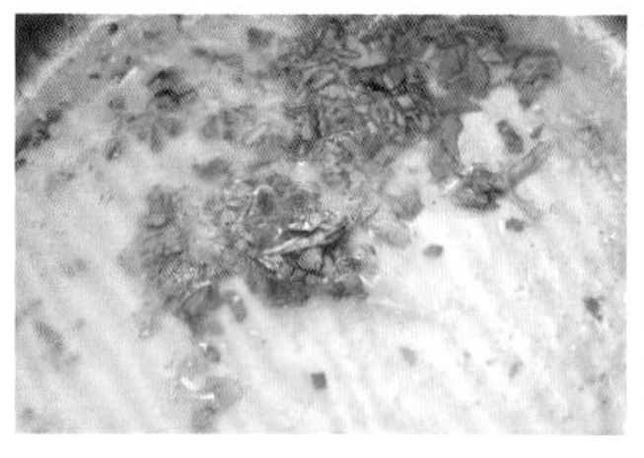

3 加水燒滾熄火，取出香茅。勾芡與否皆可，最後加入切碎的香菜與辣椒拌勻。

4 高麗菜洗淨切細絲，浸入檸檬冰水中，20 分鐘後瀝乾鋪在盤底。抹掉里肌排上的醃料，油煎至熟，鋪放在高麗菜絲上，最後淋醬料，完成。

料理關鍵

★ 豬里肌為沿背脊兩側生長的條狀肉，是做豬排的首選。分為大里肌（排骨便當常用）、中里肌（俗稱「老鼠肉」）與小里肌（俗稱「腰內肉」）。

鐵板牛排佐檸檬奶油醬

跳脫一般傳統醬料，改放以檸檬冰塊特製的奶油醬汁，入口濃郁
卻不失清爽，牛排或水煮馬鈴薯蘸著吃都很美味。

食材

- 牛排肉 250g
- 洋蔥 100g
- 蒜頭 15g
- 櫛瓜 100g
- 番茄 100g
- 玉米筍 100g
- 馬鈴薯 250g

醃料

- 迷迭香 1~2 小枝
- 檸檬椒鹽 1/2 小匙
- 橄欖油 2 小匙

調味料

- 無鹽奶油 50g
- 玉米粉 1 大匙約 10g
- 水 50c.c.
- 迷迭香 1~2 小枝
- 檸檬原汁冰塊 25g
- 白酒 1 大匙
- 檸檬椒鹽 2~3 小匙
- 糖 1 大匙

做法

1 以醃料將牛排兩面抹勻，稍微按摩。

2 處理食材：蒜頭不去皮、洋蔥、櫛瓜切圓片，馬鈴薯則連皮煮到牙籤可穿透，即可放涼去皮。

3 鑄鐵烤盤燒熱，刷油，把牛排與配菜放在烤盤上，把牛排兩面與邊緣煎到變色。

4 在蔬菜上淋些橄欖油，烤盤放入以 220℃預熱好的烤箱中以同樣溫度烤 10 分鐘後，覆上錫箔紙，繼續放在斷電的烤箱中，讓牛排肉汁均勻回流，約 5~10 分鐘。

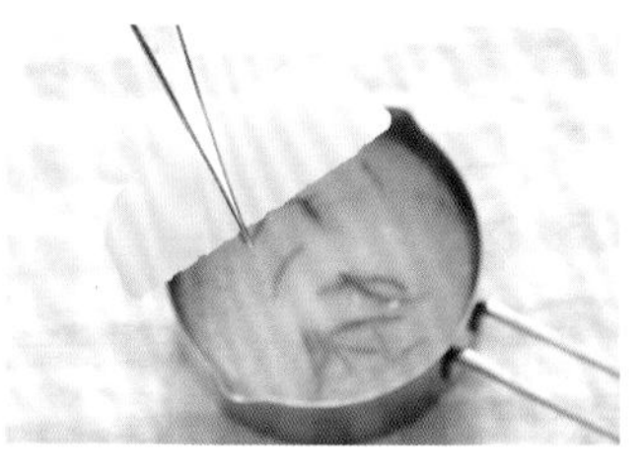

5 做醬汁：小火將所有調味料煮到充分融合，過程中需保持攪動，最後附在烤盤旁即可。

料理關鍵

★ 牛排肉盡量選擇有油花的，口感較為軟嫩。先煎後烤，肉汁不流失。烘烤時間將依牛排份量、厚度與各人喜歡的熟度而異。

香烤檸檬手羽先

名古屋的庶民美食，醬油的甘鹹味，檸檬的酸香，透過細心醃漬與烘烤的過程，慢慢滲入雞翅，最後刷上甜甜的蜂蜜，呈現出誘人的色澤，吮指度大增。

食材

兩節翅 6 隻約 450g
蜂蜜或麥芽糖 1 大匙

醃料

蒜頭 15g
薑 10g
鹽巴 1 小匙
胡椒粉 1/2 小匙
辣椒粉 1 小匙
橄欖油 2 小匙
檸檬原汁冰塊 25g

做法

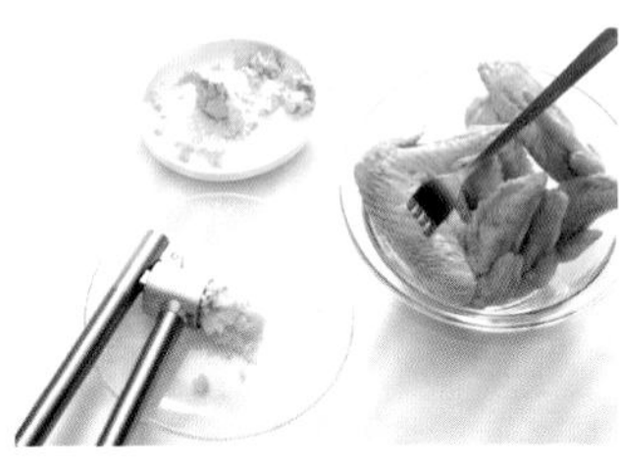

1 蒜頭碎末或壓成泥，薑洗淨後磨成泥。雞翅洗淨後擦乾，利用叉子戳幾個洞幫助吸收醃料。

2 將醃料與雞翅抓勻，密封冷藏 4 小時，醃漬期間至少翻動兩次，確保入味。

3 將醃好的雞翅平鋪在烤盤上，雞翅表面刷上剩下的醃汁，烤箱預熱 220℃烤約 10 分鐘，再取出翻面，刷上醃汁，並利用餘熱再燜約 5 分鐘。

4 將雞翅翻回正面，刷上蜂蜜（或麥芽糖），烤箱轉 200℃，續烤 10 分鐘。

料理關鍵

★ 比起兩節翅，三節翅多帶一段棒棒腿，但棒棒腿較厚，需要較長的時間來醃漬與烤熟。

茄香牛肉蔬菜湯

酸甜的番茄加上洋蔥與紅蘿蔔熬煮出自然香甜的湯頭，與牛肉一起燉煮後，有肉有湯有蔬菜的開胃元氣「一鍋寶」、「一鍋飽」上桌了，保證是全家人的最愛。

食材

- 牛腩或牛里肌邊肉 300g
- 洋蔥 1 顆約 200g
- 蒜頭數瓣約 15g
- 胡蘿蔔 1/3 根約 100g
- 牛番茄 2 顆約 250g
- 高麗菜 300g
- 西芹 2 根約 150g
- 巴西里 1 株約 5g

調味料

- 月桂葉 1 片
- 番茄糊 50g
- 紅椒粉 1/2 小匙
- 鹽巴 2 小匙
- 黑胡椒粉 1/2 小匙
- 冰糖 1 大匙
- 檸檬原汁冰塊 25g

做法

1 處理食材，蒜頭、巴西里切碎末，洋蔥與高麗菜切片，西芹、胡蘿蔔切段；番茄去皮後切塊，牛肉切成適口大小。

2 鍋裡放 1 大匙油，以小火爆香洋蔥與蒜頭，待洋蔥炒軟時下胡蘿蔔與番茄翻炒。

3 轉中火，放進牛肉翻炒，加入高麗菜、番茄糊與月桂葉後注水 1,500c.c. 攪散，加蓋煮到牛肉軟度適口。

4 最後放入西芹，並加入檸檬原汁冰塊與剩餘的調味料，煮開後撒上巴西里。

料理關鍵

★ 新鮮番茄與番茄糊發揮了不同的作用，番茄糊讓湯色美麗，而新鮮番茄與檸檬冰塊一樣，增加天然酸香使湯品喝來清爽。

泰式酸辣蝦湯

檸檬的酸香能提振食欲，南薑與辣椒的辛香則能活躍味覺，並加速身體的新陳代謝。這道知名的泰國湯品，使用多樣辛香料烹煮出經典湯底，至於海鮮料，或只鮮蝦一種，或多樣海鮮一起下鍋，豐儉隨人。

食材

香茅 2~3 根約 20g
南薑 1 段約 25g
紅蔥頭 50g
檸檬葉 3 片
辣椒 1 根
香菜 5g
番茄 1 個約 200g
鮮菇 100g（草菇為佳，或可改用其他喜歡的菇類）
帶殼蝦 20g
無鹽雞高湯 750c.c.（見做法 1）

調味料

魚露 1~2 小匙
檸檬原汁冰塊 25g
冬蔭辣醬（Tom Yam Chili Paste）20g~30g（辣度自行斟酌）

做法

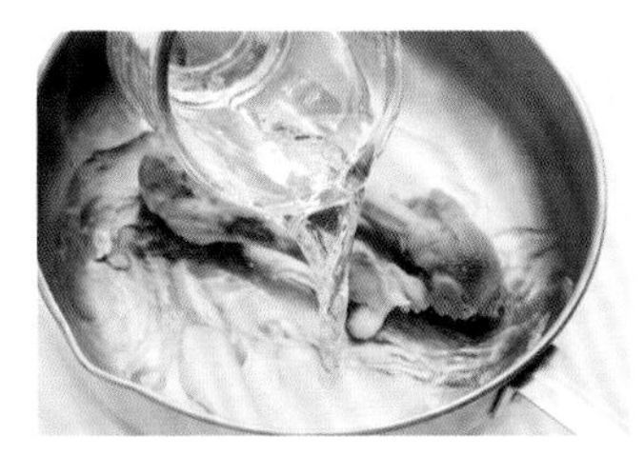

1 準備雞高湯：雞腿骨一副，滾水汆過，再把關節處的凝血洗淨，重新注水 750c.c.，加一片薑，中小火煮 20 分鐘，挑去骨頭與薑片，即得雞高湯。

2 洗淨所有辛香料後，紅蔥頭去皮後與香茅、南薑以及辣椒斜切成片；檸檬葉撕碎、香菜切碎；鮮菇與番茄洗淨後，切成適口大小。

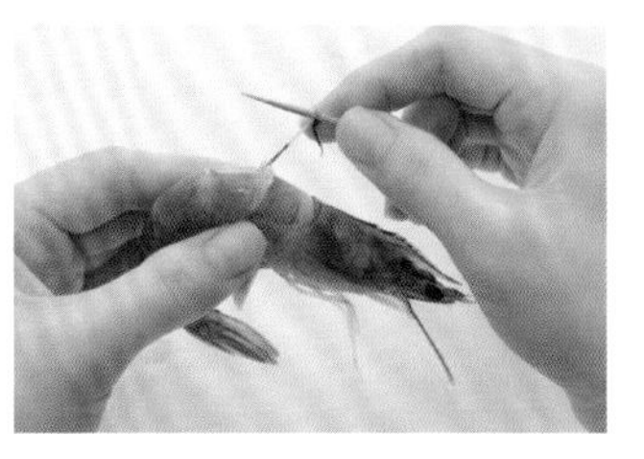

3 蝦子挑出腸泥。

4 煮開步驟 1 的雞高湯後，放進紅蔥頭、南薑和香茅，小火煮出香氣。

5 加入菇類和檸檬葉煮開後，放番茄。

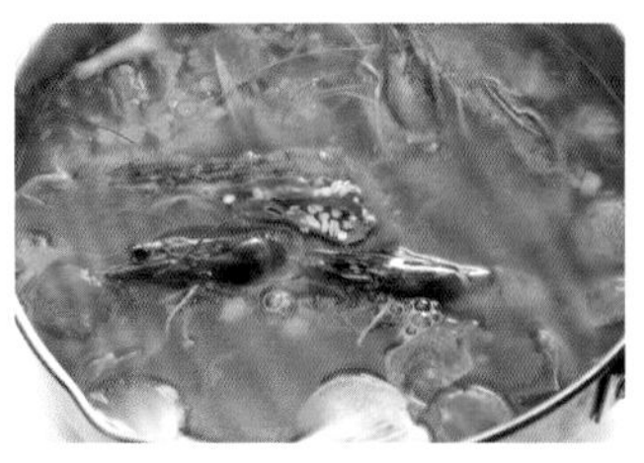

6 待番茄煮軟，加入蝦子與辣椒煮熟。

7 加入魚露和冬蔭辣醬調味，再次燒滾。

8 熄火前加入檸檬原汁冰塊與香菜。

料理關鍵

★ 新鮮的檸檬葉揉碎後香味才能釋放。

印度式花椰菜濃湯

印度是一個懂得善用辛香料來豐富料理滋味的國家，就像這道湯品，即使只加了幾種微量的辛香料，平凡的食材馬上搖身變成充滿神秘風情的料理。而起鍋前放的一點點檸檬冰塊與香菜，則讓美味更上層樓，令人驚喜。

食材

- 花椰菜 250g
- 馬鈴薯 250g
- 洋蔥 100g
- 蒜頭 10g
- 薑黃 1 小段約 5g（或薑黃粉 1/2 小匙）
- 香菜 1 小株約 5g
- 雞高湯 2 杯約 480c.c.

調味料

- 小茴香籽 2/3 小匙
- 辣椒粉 1/4 小匙
- 鹽巴 1/4 小匙左右
- 糖 1/2 小匙左右
- 檸檬原汁冰塊 15g

做法

1 處理食材，洋蔥、蒜頭、香菜切碎，薑黃磨成泥，花椰菜去除莖柄的老皮，切開成小朵。馬鈴薯切小丁（皮可不削）。

2 燒一鍋水先將馬鈴薯煮軟，再加入花椰菜一起煮熟，瀝乾。

3 炒鍋放入 1 大匙油，小火炒香洋蔥、薑黃與蒜頭。

4 轉中火，續下馬鈴薯與花椰菜，注入高湯並加入小茴香籽、辣椒粉、鹽巴與糖調味。

5 將炒好的菜倒入果汁機中打成泥。

6 再重新倒入鍋中煮滾（加入雞湯或清水調整濃度），起鍋前加入檸檬原汁冰塊與香菜末即可。

料理關鍵

★ 薑黃、小茴香籽與檸檬，是這道印度風湯品的靈魂。

什蔬雞片湯

以豐富的蔬菜加上耐煮的菇類所熬製的湯底，不僅色彩漂亮也是一道低脂無負擔的料理，最後的檸檬與香菜，讓湯頭更加鮮美。

食材

雞肉 250g
洋蔥 1/2 顆約 100g
胡蘿蔔 1/4 根約 50g
鮮筍 1/2~1 支，去殼後取筍肉 100g
番茄 1 顆約 150g
荸薺數顆約 100g
皇帝豆 100g
杏鮑菇 2 支約 100g
芽白菜數株約 150g
西芹 1 株約 100g
香菜 1 株約 10g
水 800c.c.

調味料

檸檬原汁冰塊 25g
胡椒粉少許
鹽巴 2/3 小匙左右

料理關鍵

★ 食材可依時節或個人喜好置換，只要掌握食材特性，決定下鍋順序（即烹煮時間長短），就能使各種食材保持最佳口感。

做法

1 將食材洗淨後，洋蔥與紅蘿蔔分別切絲、切片。

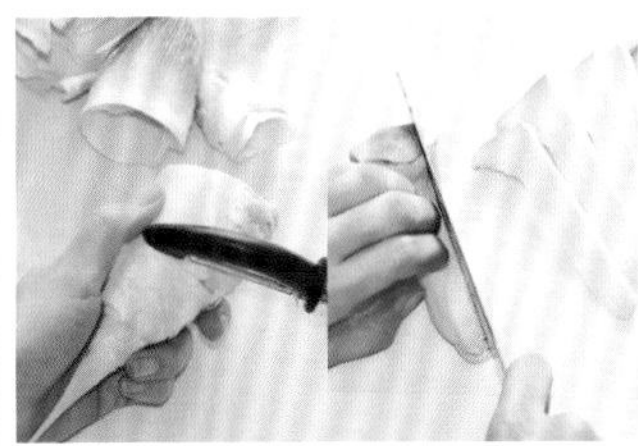

2 處理筍子，去除粗纖維，先切片再切絲；杏鮑菇切片。

3 撕去西芹老筋後，切段；荸薺削皮。

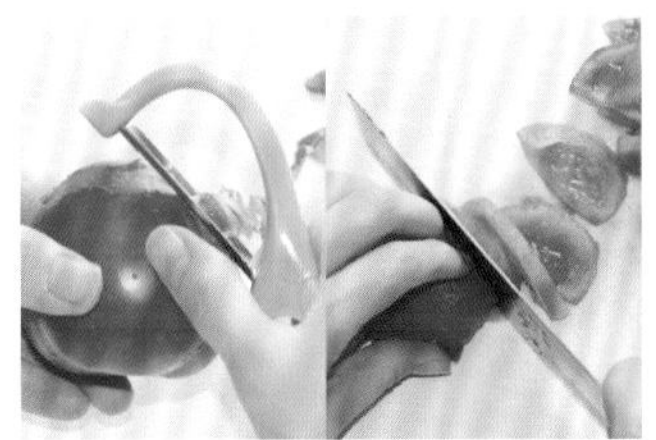

4 番茄去皮後，只取果肉切片。

5 雞肉切薄片。

6 鍋燒熱，下 1 大匙橄欖油，以小火爆香洋蔥絲；轉中火，續下胡蘿蔔片與筍片炒香。

7 下番茄炒軟，放入耐煮食材（荸薺、皇帝豆、杏鮑菇與芽白菜），注水，加蓋煮開。

8 把西芹段與雞肉片鋪滿湯面，燜煮 3~5 分鐘，使肉片熟透。

9 下調味料與檸檬原汁冰塊，煮至冰塊融化，熄火前扭碎香菜撒上。

越式海鮮湯

清爽不油膩的湯底，飽含海鮮散發出來的清甜，以及蔬菜釋放出來的自然原味，少了辛香酸辣的刺激感，最適合喜歡清淡口味的人！

食材

帶殼蝦 4 隻約 100g
花枝 1/3 隻約 100g
魚肉約 100g
文蛤約 100g
番茄 1/2 顆約 100g
鮮菇 100g
綠豆芽 50g
香菜 5g
無鹽雞高湯 750c.c.（見做法 1）

調味料

檸檬原汁冰塊 25g
魚露 2~3 小匙
鹽巴少許

做法

1 準備雞高湯：雞腿骨以滾水汆過，再把關節處的凝血洗淨，重新注水 750c.c.，加一片薑，中小火煮 20 分鐘，挑去骨頭與薑片，即得雞高湯。

2 番茄洗淨後先削去外皮，取果肉切丁。鮮菇切除根部後，洗淨。綠豆芽洗淨；香菜洗淨後切碎。

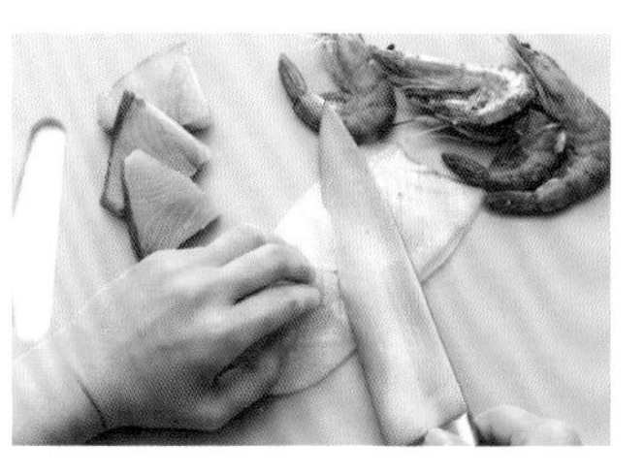

3 文蛤泡鹽水吐沙；蝦子挑出腸泥；花枝洗淨後內側朝上，斜刀畫出菱格紋；魚肉切片。

4 步驟 1 的雞高湯煮滾後，加入番茄丁與菇類續煮滾。

5 放入蝦子與花枝，待湯一滾，立刻加入魚肉與文蛤。

6 待湯再次燒滾時，以魚露和鹽巴調味，再放入豆芽煮熟。

7 加入檸檬原汁冰塊，攪勻後熄火，撒上香菜。

料理關鍵

★ 注意各種食材得下鍋順序，便能使簡單的湯品滋豐味美，且食材口感都恰到好處。

馬賽魚湯

香醇甘美的湯頭來自細心熬煮的湯底，有了這鍋用多種辛香料、蔬菜與海鮮濃縮出的精華，無論搭配何種海鮮料，做成湯品或義大利麵的高湯，滋味都大勝以往。著名的南法馬賽魚湯，簡化為家常版本之後，風味依舊絕美！

海鮮高湯食材

小型白肉魚 1~2 種，共約 300g
蝦頭 100g
蒜頭 30g
洋蔥 250g
紅蘿蔔 150g
西洋芹 2~3 支約 150g
番茄 200g
月桂葉 2 片
百里香數支
番紅花絲 1 小撮
胡椒粒 2 小匙
橙皮絲 10g
白酒 1 杯約 240c.c.

馬賽魚湯食材

3~4 種海鮮約 1000g（本道使用帶殼蝦、干貝、海瓜子、魚）
海鮮高湯 1,000~1,500c.c. 左右（濃淡自調）

調味料

番茄糊 3~5 大匙（tomato sauce / purée / paste，濃淡自調）
胡椒粉 1/2 小匙
鹽巴適量
檸檬原汁冰塊 25~50g（酸度隨喜）

做法

1 蒜頭去皮後拍扁，洋蔥與紅蘿蔔去皮後切塊，西洋芹與番茄洗淨後分別切段、切塊，將魚洗淨後切段。

2 鍋內放 1 大匙橄欖油，中小火爆香洋蔥與蒜頭，下紅蘿蔔、番茄與西洋芹翻炒。放入蝦頭、魚塊與熬製高湯所需的辛香料。

3 倒入白酒並注水 1,000~1,500c.c.（濃淡隨喜），中火燒開後，轉小火熬煮半小時。

4 取出魚肉（可搭配成品食用）後，過濾出海鮮高湯備用。

5 處理入鍋的海鮮食材，如剪去魚鰭與蝦鬚，魚身洗淨切塊、剔除蝦子腸泥等等。

6 取適量高湯燒開，將海鮮料煮熟。

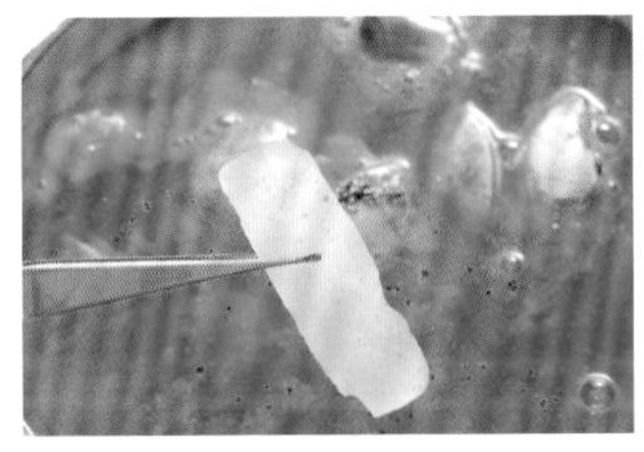

7 起鍋前調味，並放入適量的檸檬原汁冰塊提鮮。

料理關鍵

★ 檸檬冰塊能使充滿海味的湯品，更加清新宜人。
★ 若喜歡湯汁濃稠，可另外加些切成小丁的洋芋下去熬煮。

檸檬香茅椰奶雞湯

尾勁辣度十足的綠咖哩雞是很受歡迎的泰國菜，堪稱白飯殺手，但無法吃太辣的人，不妨改試這道椰香中帶著微酸、微辣，口味溫和許多，又有檸檬香茅清香味的椰奶雞湯。

食材

南薑 1 小段約 25g
香茅 2~3 根約 20g
檸檬葉 2~3 片
辣椒 1 根（不吃辣者可省）
去骨雞腿肉約 350g（剔除下來的骨頭正好用來熬雞高湯）
鮮菇 100g（草菇為佳，或可改用其他喜歡的菇類）
椰奶 200c.c.
無鹽雞高湯適量（見做法 1）

調味料

魚露 3 小匙左右
椰糖（或砂糖）20g
檸檬原汁冰塊 15g

做法

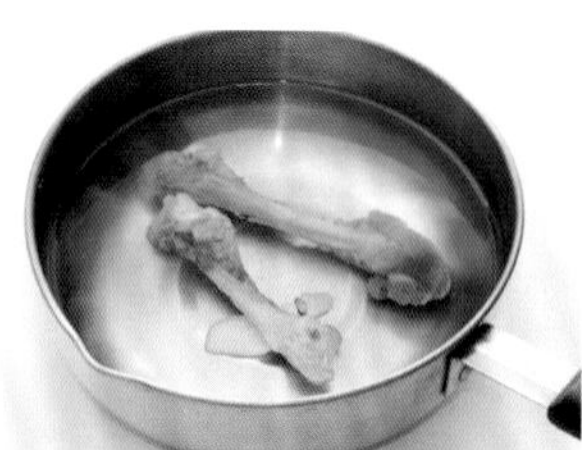

1 準備雞高湯：雞腿骨一副，滾水汆過，再把關節處的凝血洗淨，重新注水 750c.c.，加一片薑，中小火煮 20 分鐘，挑去骨頭與薑片，即得雞高湯。

2 洗淨所有辛香料後，香茅、南薑與辣椒斜切成片、檸檬葉撕碎。鮮菇洗淨後切開，雞肉切薄片。

3 把椰奶倒入鍋裡，中小火燒到表面呈光亮感，放南薑與香茅煮滾，再取雞高湯 200c.c. 加入，燒開。

4 放雞肉片煮到肉片變白色，續下鮮菇與辣椒，最後把檸檬葉與所有調味料一起放入鍋中攪拌，煮至檸檬原汁冰塊融化。

料理關鍵

★ 市售的椰奶分成 coconut cream（濃）與 coconut milk（淡）二種，原則上做菜用濃的，做甜品用淡的。
★ 香料可買乾燥的替代。

中東風味扁豆湯

口感細柔滑順的扁豆泥，除了做成湯品之外，也常被拿來做為皮塔餅（pita）或囊餅（naan）的蘸料。是吃素者很好的蛋白質來源。少許檸檬汁，就可以提升香氣，再拌著優格，更加爽口。

食材

扁豆仁 1 杯約 200g
洋蔥 1/2 個約 100g
蒜頭 10g
胡蘿蔔 1 小段約 50g
高湯 3 杯約 750c.c.（做法請參考「檸檬香茅椰奶雞湯」，第 120 頁）
優格適量

調味料

孜然（Cumin）1/4 小匙
胡椒粉少許
鹽巴適量
檸檬原汁冰塊 25g

料理關鍵

★ 扁豆（lentil），有橘、綠、紅、黃與黑等顏色，可在雜糧行或生機飲食材料店購得。

做法

1 處理食材，洋蔥、蒜頭與胡蘿蔔去皮後切碎。扁豆仁掏洗後瀝乾。

2 深鍋裡放橄欖油 1 大匙，以小火爆香洋蔥與蒜頭。

3 放入胡蘿蔔與扁豆仁拌炒；轉中火，下高湯，加蓋燜煮至扁豆仁變軟。

4 將煮好的扁豆仁湯倒入食物調理機打成濃湯。

5 將濃湯倒回鍋內，加入檸檬原汁冰塊與其他調味料，再次煮滾，起鍋前淋上少許橄欖油。

6 盛裝後再加上優格。

檸檬司康

傳統英式下午茶裡的主角之一 Scone，又稱為英式鬆餅，厚實鬆軟的口感，最適合搭手工果醬或檸檬蛋黃醬，樸實而可口，也適合做為日常早餐。

食材

- 無鹽奶油 80g
- 高筋麵粉 120g
- 低筋麵粉 120g
- 泡打粉 3 小匙
- 砂糖 40g
- 鹽巴 1/4 小匙
- 蛋黃 1 個
- 原味優格 50g
- 檸檬原汁冰塊 25g

料理關鍵

★ 混合麵糰的過程時避免太多的搓揉，才不會使麵糰出筋，失去司康應有的鬆軟質地。
★ 烘烤前在表面刷層薄蛋汁，可增加酥黃程度，但別塗抹太厚，以免入口有蛋腥味。

做法

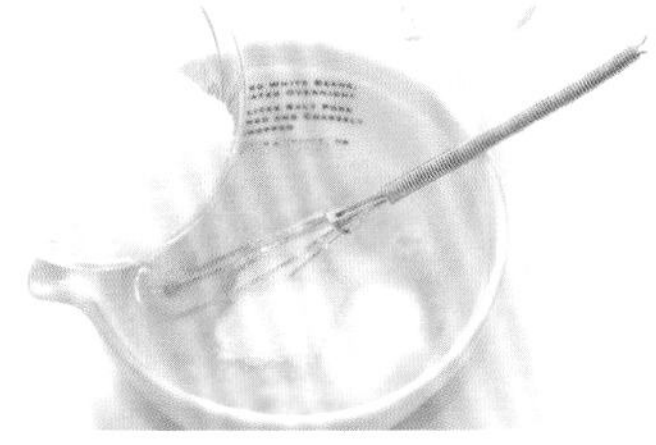

1 將蛋黃、砂糖、優格與檸檬原汁冰塊（融化）打勻。

2 麵粉、泡打粉與鹽巴混合過篩。

3 拌入切丁的奶油，用刮板以「切壓」方式使兩者混合。

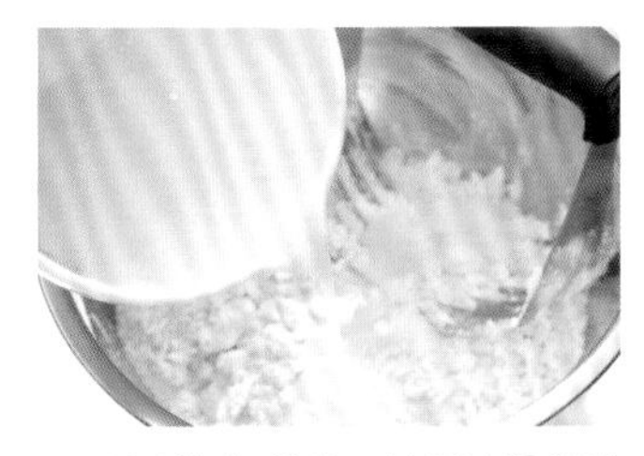

4 用刮板把做法 1 的蛋液與做法 2 的粉糰混合均勻，勿過度搓拌以免出筋。

5 麵糰大致整圓，以保鮮膜密覆，冷藏 1 小時。

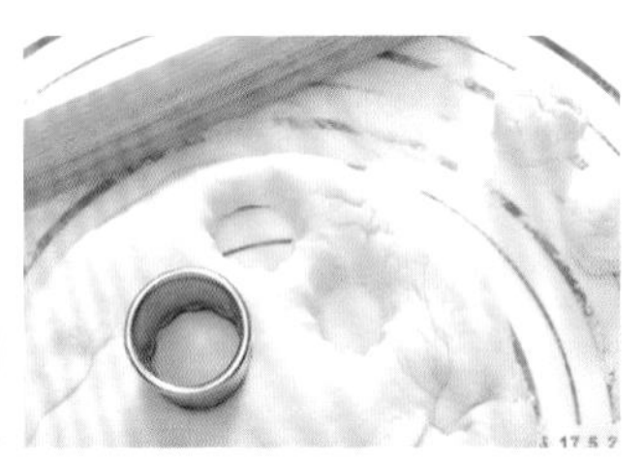

6 預熱烤箱 180℃。將麵糰輕輕桿約 1 吋高，可用造型模具壓塑成形，或用刀子等份切開。

7 於麵糰表面刷上薄薄的蛋黃水，送入預熱好的烤箱，以 180℃烘烤 10~15 分鐘。

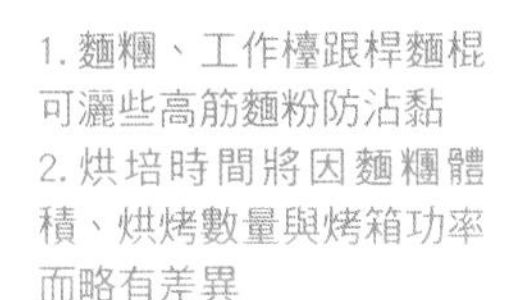

1. 麵糰、工作檯跟桿麵棍可灑些高筋麵粉防沾黏
2. 烘培時間將因麵糰體積、烘烤數量與烤箱功率而略有差異

老奶奶檸檬蛋糕

這款人氣歷久不衰的法式海綿蛋糕，搭配酸甜的檸檬糖霜，滋味更加清新芳香，果真經典，耐人尋味。

蛋糕底食材

（直徑 4 吋的分離式不沾圓形蛋糕模 3 個）

低筋麵粉 150g

無鹽奶油 50g

雞蛋 5 個（去殼後淨重約 250g）

砂糖 150g

檸檬原汁冰塊 50~70g（先預融）

檸檬糖霜食材

檸檬原汁冰塊 50g（先預融）

糖粉 150g

料理關鍵

★ 準備 2 顆新鮮檸檬，只削皮屑部分，若削到白膜則易有苦味），再分兩份各加入蛋糕糊與檸檬糖霜，以增加香氣。

做法

1 以隔水加熱方式將奶油融化，並將水的溫度保持在 40℃上下。烤箱預熱 180℃

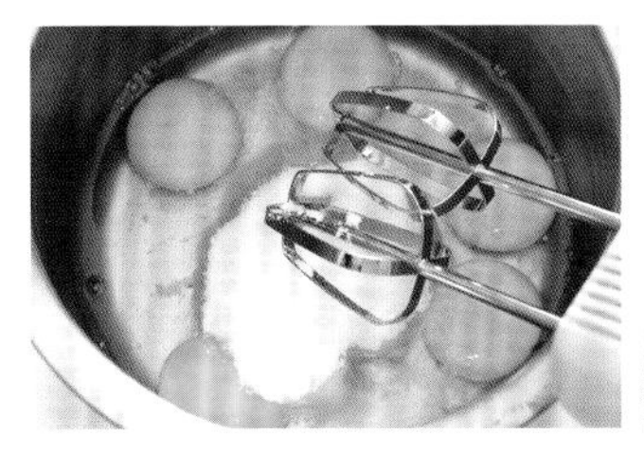

2 同步驟 1，以隔水加熱方式低速打勻雞蛋和砂糖。

3 再改高速打發甜蛋糊到質地變濃稠細緻（約 10 分鐘），且蛋糊滴落時不會馬上消失的狀態（再 5 分鐘）。最後調回低速，攪打幾下使大氣泡消失。

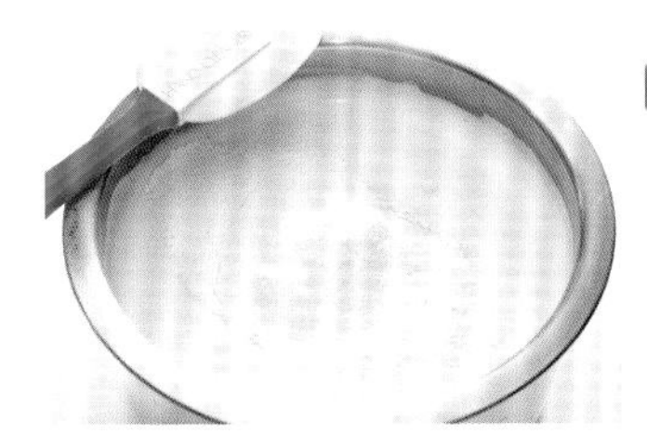

4 加入過篩的麵粉拌勻，此時可加入檸檬皮屑。

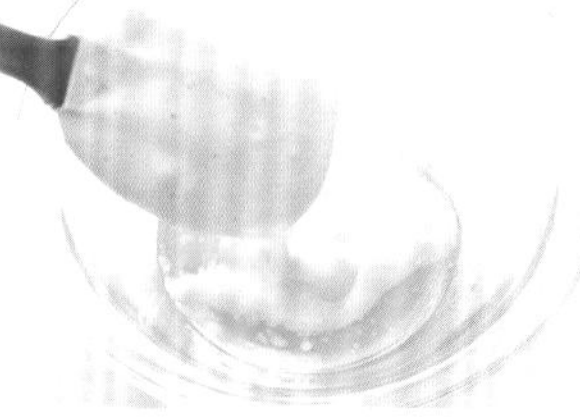

5 取少許拌好的麵糊加入步驟 1 的奶油內，並用橡皮刮刀輕輕拌合，再一起倒入麵糊盆，輕輕拌勻。

6 加入融化的檸檬汁拌勻後，即可入模。

7 送入預熱好的烤箱，以相同溫度烘烤 30 分鐘左右。烤好後脫模散熱。

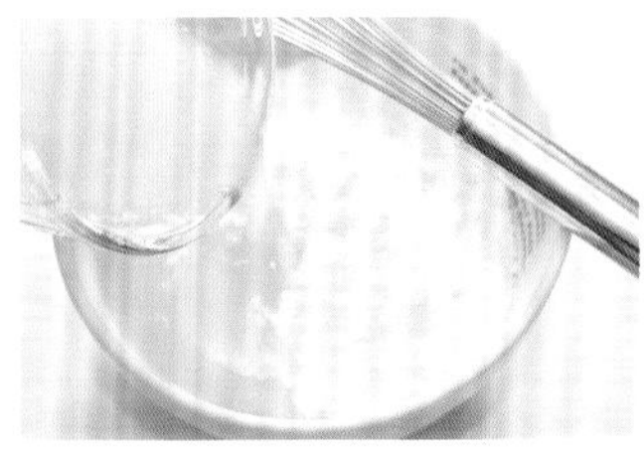

8 製作糖霜，將糖粉與融化的檸檬原汁冰塊攪拌均勻。

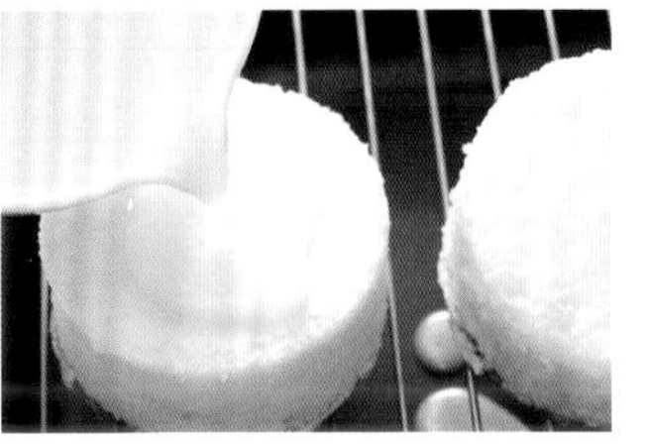

9 把檸檬糖霜均勻淋在蛋糕表面，額外灑上檸檬碎屑做裝飾。

法式檸檬塔

一口咬下美麗的檸檬塔，酥脆的奶香塔皮混合著清新滑順的檸檬餡，多重口感與滋味好迷人，即使不愛甜點的男生，也難以抵擋它的魅力呢。

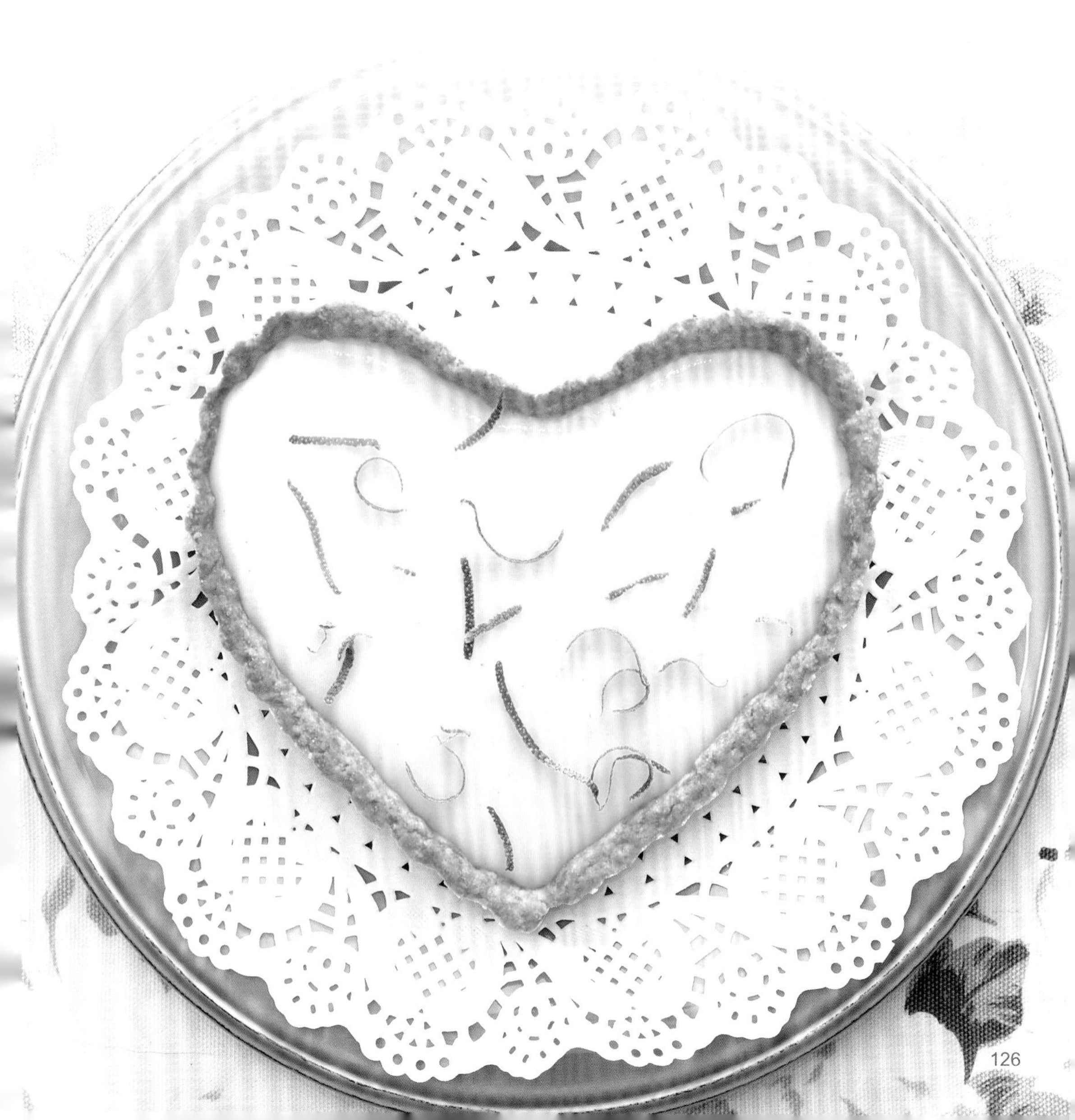

食材

（直徑 18cm 分離式圓形塔模）

中筋或低筋麵粉 200g

無鹽奶油 100g

砂糖 30g

鹽巴 1/8 小匙

蛋黃 1 個約 20g

牛奶 20c.c.

檸檬餡 400g（做法請參考「檸檬蛋黃醬」，第 71 頁）

料理關鍵

★ 冷藏後，檸檬內餡的風味更好，且塔皮也會變得更加酥脆。不妨多做一些塔皮麵糰與檸檬餡收冰箱保存吧！

★ 若想縮短檸檬餡凝固的時間，可在煮檸檬蛋黃醬時加些玉米粉。

做法

1 奶油放室溫稍為回軟後切丁，蛋黃與牛奶打散。

2 麵粉過篩後與糖、鹽混合倒入容器內成山狀，中間挖個小洞再倒入蛋黃奶水，並將周圍的麵粉拌入。

3 用刮板以切壓的方式把奶油丁與麵粉糊搓合，切勿過度攪拌使出筋性。

4 將麵糰整為方型，覆上保鮮膜，冷藏至少 30 分鐘。烤箱預熱 200℃。

5 麵糰、工作檯跟桿麵棍都灑些手粉（高筋麵粉）防沾黏，將麵糰桿薄後平鋪於塔模中。去除多餘的麵皮。

6 用叉子在派皮底部用叉子戳小洞，鋪烘焙紙，並均勻攤放烘焙石，送入預熱好的烤箱。

7 以 200℃烤約 15 分鐘左右，取出後拿掉烘培石與烘焙紙，再將塔皮重新烘烤至金黃色。

8 脫模後，將塔皮架高降溫。將檸檬餡填入塔皮，冷藏使餡料凝固。

大理石檸檬乳酪條

成功率極高的檸檬乳酪蛋糕適合烘焙新手練功，記得剛出爐時要忍住想吃的欲望，因為冷藏過後風味更好，食用時再搭配喜愛的果醬或新鮮水果，美妙的午茶時光就此揭開序幕。

蛋糕糊食材

（19cm x 19cm 分離式方型蛋糕蛋糕模）

奶油乳酪 650g

無糖優格 150g

砂糖 200g

雞蛋 4 顆

檸檬原汁冰塊 50g

水果風味白蘭地 1/2 小匙

玉米粉 1 大匙

蛋糕底部食材

消化餅乾 120g

奶油 50g

砂糖 2 小匙

做法

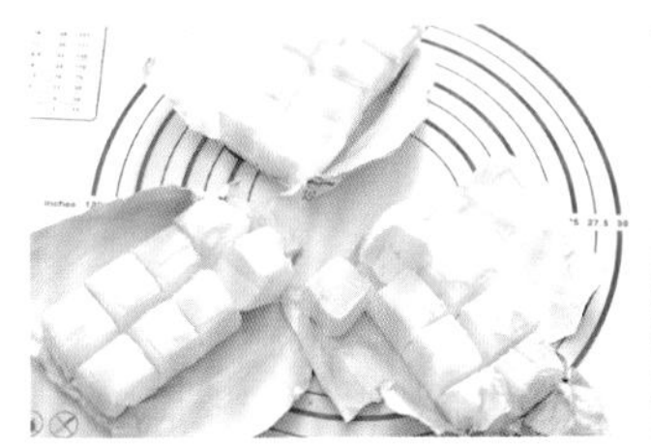

1 烤箱以 180℃預熱 10 分鐘，奶油與奶油乳酪放室溫稍微退冰後切丁，檸檬原汁冰塊放室溫融化，蛋汁打散。

2 製作蛋糕底部：將消化餅乾放入乾淨塑膠袋中，將其來回壓碎，加入奶油與砂糖混合均勻，鋪烤模底部，壓實後放入預熱好的烤箱，以 180℃烘烤 10 分鐘左右，取出放涼。（烤箱保持預熱）

3 製作蛋糕糊：先以低速將奶油乳酪打散，分次加入砂糖打勻。（室內溫度低時，用隔水加熱方式加速奶油乳酪軟化）

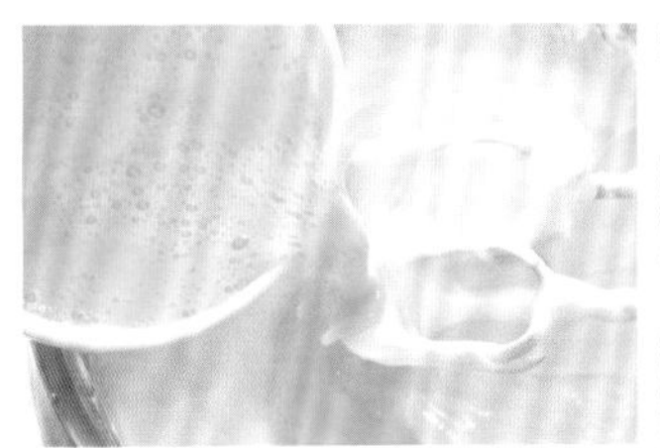

4 依序且分次將玉米粉、白蘭地、蛋汁、檸檬汁倒入乳酪中打勻，再拌入優格即完成蛋糕糊。

5 將蛋糕糊倒入鋪了餅乾底的烤模中，抓穩烤模在桌面上敲幾下使蛋糕糊裡的空氣排出。如希望蛋糕表面有花紋，可額外點些巧克力醬在蛋糕表面，再以牙籤隨意劃出線條。

6 烤模外覆錫箔紙後放入裝了熱水的烤盤，放入烤箱，以 180℃烘烤 60 分鐘左右，時間到以後不取出，讓蛋糕在烤箱中自然降溫到涼，連模型一起密封，冷藏一天。

7 用蛋糕抹刀或一般小刀沿著烤模與蛋糕中間劃開，將蛋糕脫模。

8 以加熱過的小刀將乳酪蛋糕切成條狀，可用防水包裝紙來包裝。

料理關鍵

★ 新手烘製乳酪蛋糕最怕蛋糕表面出現裂痕，只要攪打蛋糕糊的過程中不要打入太多空氣並利用隔水蒸烤的方式就能減少裂痕。

檸檬美式瑪芬

不需費力攪拌，一款簡單又快速的杯子蛋糕，綿潤又鬆軟的口感，口味又可以隨心變化，是一道可以全家一起動手玩烘培的小點心。

食材

（蛋糕糊總重約 500g，可烤出 6~8 個中型瑪芬）

低筋麵粉 200g
泡打粉 1.5 小匙約 8g
無鹽奶油 100g
雞蛋 3 個
蛋黃 2 個
鹽巴 1/8 小匙
砂糖 100g
檸檬原汁冰塊 25~50g（酸度可自行調整）

做法

1 準備動作：將麵粉與泡打粉過篩混合。奶油隔水加熱使融化。烤箱預熱 180℃。

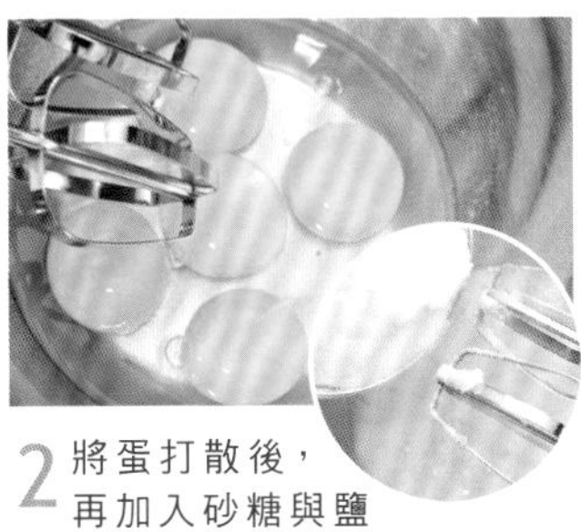

2 將蛋打散後，再加入砂糖與鹽巴，攪打到蛋汁顏色稍淡。

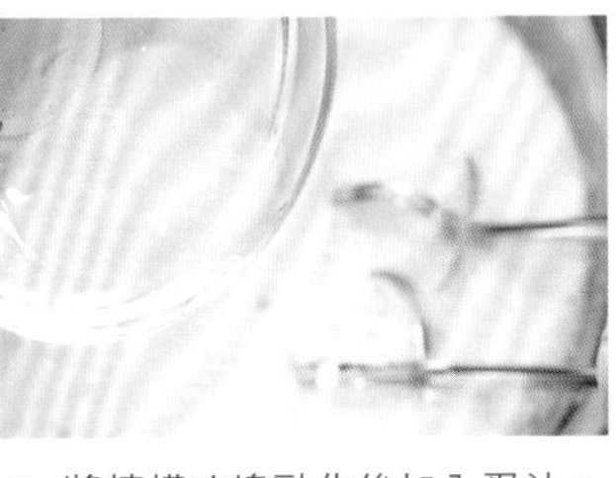

3 將檸檬冰塊融化後加入蛋汁，攪拌均勻。

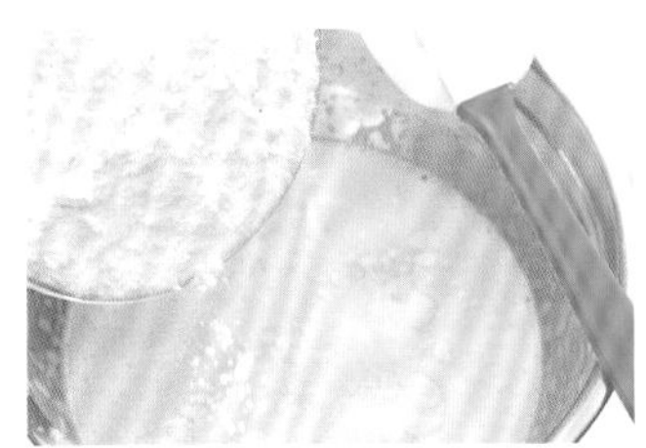

4 加入篩過的粉類，用橡皮刮刀拌勻。

5 再緩緩淋上奶油，用橡皮刮刀拌勻。

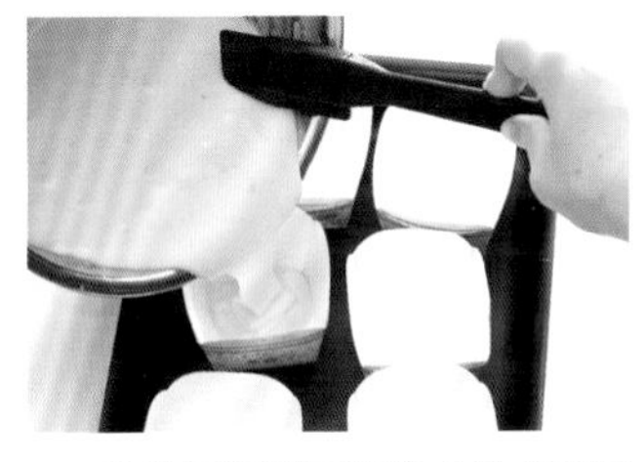

6 分裝蛋糕糊至烤模或烘烤紙杯中，約八分滿。

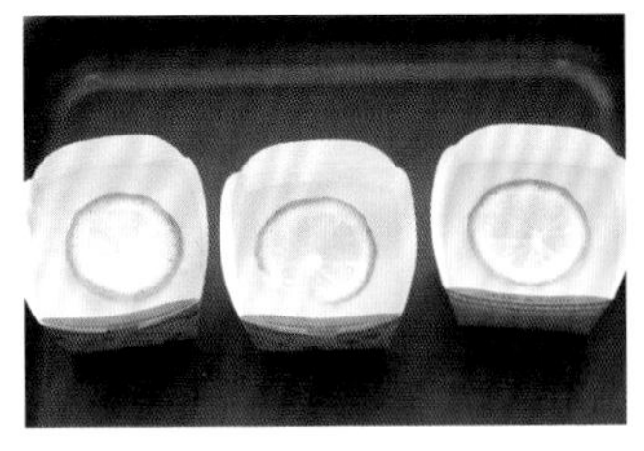

7 表面可額外鋪些堅果碎或檸檬切片裝飾。

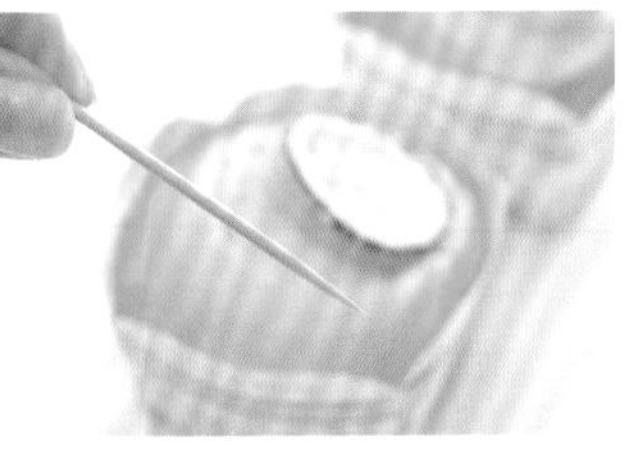

8 送入預熱好的烤箱，以 200℃ 烘烤 30~40 分鐘（烘烤時間將依紙杯體積或高度而略異），最好以探針或竹籤插入蛋糕中央，確認無麵糊沾黏即為烤透。

料理關鍵

★ 加入檸檬冰塊，可有效壓制蛋糕糊裡的蛋腥味，無需另加香草精或酒類。

紅酒洋梨

經典的浪漫法式甜點，洋梨甘甜多汁，紅酒散發出誘人色澤以及肉桂若有似無的香味，在秋風颯爽的季節裡，不醉也迷人。

食材

西洋梨 4 顆
紅酒約 400~500c.c.（依容器大小深淺調整）
砂糖 80~100g（依紅酒甜度調整）
丁香 2 顆或肉桂 1 小段或月桂葉 1 片（任一或全備）
檸檬原汁冰塊 50g

做法

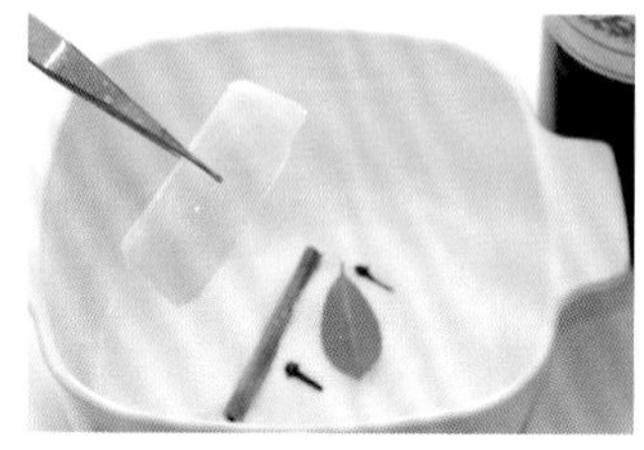

1 將檸檬原汁冰塊 25g、紅酒、砂糖與香料放入鍋中，以中小火加熱。

2 西洋梨削皮後直接放入調味紅酒裡，表面覆上一張烘焙紙或壓上一個小盤子，使西洋梨完全浸入酒汁。（欲縮短入味與上色的時間，可將洋梨對剖成半再燉煮）

3 保持小火煮至沸騰，熄火燜至完全涼後取出香料，加入檸檬原汁冰塊 25g，再次煮滾，熄火再燜。

4 可趁熱切食，或放涼冷藏一天，使西洋梨更加上色入味。

料理關鍵

★ 喜歡風味輕快的人，香料可擇一使用，冬天時適合重香，不妨三種香料都放。
★ 西洋梨吃完，剩下的香料紅酒可重覆燉新的西洋梨，或者加熱後直接飲用（mulled wine）。

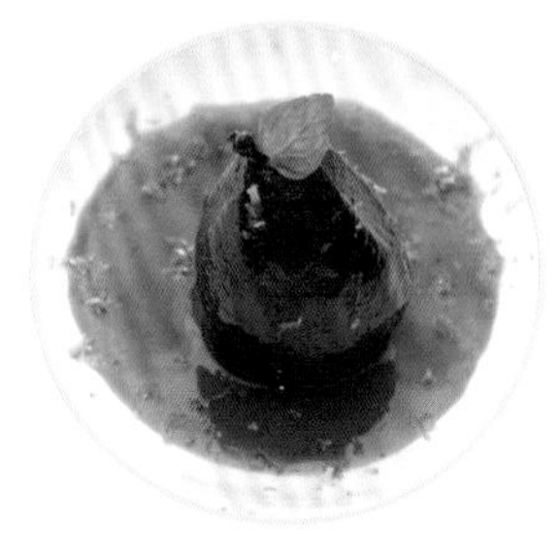

和風葛粉條

清透的葛粉條吸收了黑糖蜜的香甜與檸檬的酸香，在火傘高張的酷夏，一定要來碗充滿和風氣息的くずきり，咕溜下肚，真是透心涼、通體舒暢哪。

食材（2人份）

乾燥葛粉條 80~100g
檸檬原汁冰塊 25g
黑糖蜜 60g
黃豆粉 15g

料理關鍵

★葛粉條有粗有細，其烹煮時間也會不同，最好是吃多少煮多少，口感才不會變差。

做法

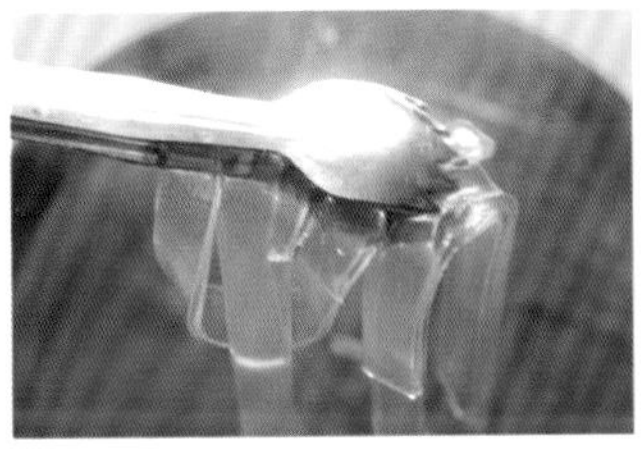

1 燒開半鍋水，將葛粉條煮至八分軟，熄火燜一下。

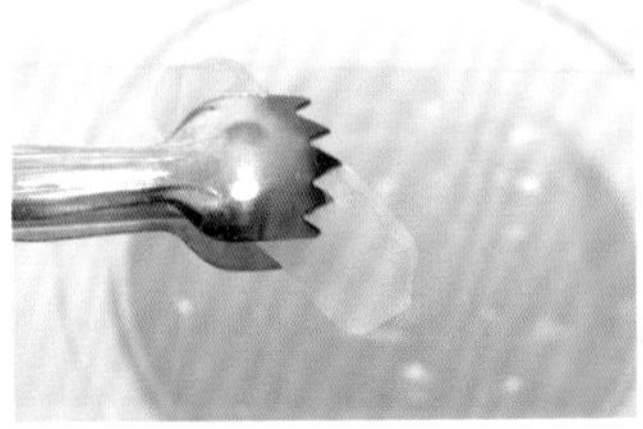

2 撈起葛粉條，浸入加了檸檬原汁冰塊的冷開水中降溫，勿久泡，降溫便撈起，分裝入碗。

3 淋上黑糖蜜並撒上黃豆粉食用。

莓果白酒凍

美麗的色澤透出玻璃杯，彷彿藝術品似的甜點。在檸檬與酒香的調和下，更加誘人。這道晶瑩剔透的莓果白酒凍，適合在宴客中，優雅登場。

食材

- 吉利丁 3 片約 7~8g （可改用等重的吉利丁粉）
- 砂糖 50g 左右（依照白酒甜度調整）
- 白酒 100c.c.
- 水 200c.c.
- 檸檬原汁冰塊 25g
- 綜合莓果 60g（可改用其他當令水果）

做法

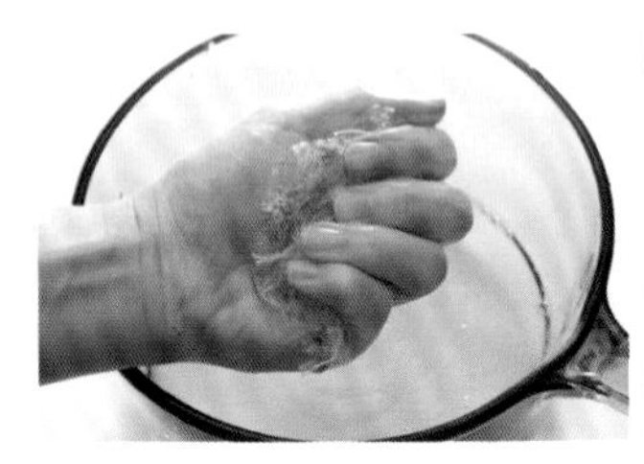

1 吉利丁片泡清水使軟化，擠乾備用。

2 將水加熱倒入砂糖，攪拌溶解，加入吉利丁再拌到完全溶解後，再倒入白酒攪勻。

3 放入檸檬原汁冰塊，攪拌加速冰塊融解，分裝至玻璃器皿（三分滿），收冷藏使白酒凍凝固，約需 1~2 小時（依冰箱溫度略異）。

4 加入洗淨的莓果，再倒入剩餘的凍液（如已半凝固可稍微加熱），收冷藏約需 1~2 小時。

料理關鍵

★ 檸檬原汁冰塊因酸度過高會影響凝固程度，要特別留意比例。

★ 為使莓果能高高低低的分布在酒凍中，白酒凍液可分多次加入。

Chapter 5

徹底活用！檸檬妙用無窮

榨汁後剩的檸檬皮充滿芳香的精油，可用來驅蟲和消除異味，果汁裡檸檬酸，是一種天然的防腐劑，在處理居家清潔、護膚美容上，同時也能發揮妙用！堪稱史上用途最廣的水果。

小蘇打 × 檸檬酸，神奇的超效去污劑！

檸檬因含有大量的檸檬酸和弱鹼性的小蘇打相結合，就成了有中和、溶解、洗淨、柔軟污垢等作用的「萬用寶」，能自然分解、無毒性、不會污染環境，且不刺激皮膚，對付頑強的髒污很有效，也讓居家環境用起來，非常的放心與安心哦！

清潔廚房的超效力

檸檬含有大量的活性成分能分解油污並抑制細菌，果香能去除異味，維生素C能淡化污漬，似乎惱人的清潔問題，有了檸檬就可以迎刃而解了。

檸檬汁抗菌、去污天然味

1抗菌、清潔、去除砧板異味：

廚房中最常用的砧板和菜刀，經常會沾染上食物的味道，也容易滋生細菌。幾滴檸檬汁或是利用檸檬片擦拭，檸檬的酸會讓細菌難以生存，也會使不好的味道消失。

2金屬除垢，超省力：

水龍頭、洗碗槽等金屬表面，容易藏污納垢，可利用檸檬汁直接擦拭，或將檸檬皮加水煮沸，將洗碗槽的阻水塞塞緊，倒入熱檸檬水靜置10分鐘後將水排掉，檸檬皮可用來刷洗洗

碗槽，就會亮晶晶哦，而且還能去除排水孔難聞的氣味。

3清除水垢，天然又環保：

家中的飲水機、熱水瓶在使用一段期間過後，會出現白水垢，利用1顆檸檬榨汁倒入其中，按煮沸鍵再靜置2小時，最後將檸檬水倒掉，再用清水沖洗過，可以去除水垢，還可以有淡淡的檸檬香。

將檸檬煮沸

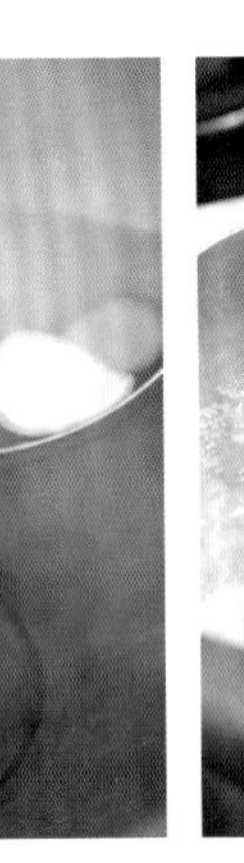

倒入排水孔

4清洗瓦斯爐：

小蘇打粉撒在瓦斯爐檯面上，將榨汁後的檸檬皮當菜瓜布使用，用力刷洗瓦斯爐的油垢和髒污處，再用熱抹布擦拭，反覆幾遍就乾淨了。

5流理臺去油膩：

廚房油煙多，流理臺難免黏黏的，不妨滴幾滴純檸檬汁在檯面上，再用摩擦力較好的抹布擦拭，很容易就能去除黏膩感。

熱檸檬水，清除油垢潔亮乾淨

1清潔廚房牆壁、流理台：

將多顆檸檬皮加水煮沸，趁熱裝入噴瓶，將廚房紙巾壓在磁磚牆上水噴濕吸附牆面，5分鐘後再噴一次，10分鐘後，再用該紙巾擦拭即可。

2排油煙機除油垢：

將抽油煙機打開，將熱檸檬水直接對著風扇、油網多噴幾下，利用吸力將熱檸檬水通過流入集油槽內。集油槽可放入1大匙小蘇打粉，靜置幾天後再來清理，裡面的油脂逐漸皂化後就很好清理囉！

3油膩抹布：

檸檬切片加水煮沸後加入1大匙小蘇打粉，將油膩的抹布放入續煮10分鐘後熄火燜5分鐘，輕鬆就能去除油膩囉。

4微波爐、烤箱去味、解膩：

密閉式的空間，會因為每次的料理留下不同的味道，五味雜陳，也很容易再下一次加熱時吸附在新的食物上。要去除這些難聞的氣味，只要丟入一些檸檬皮、柑橘皮，放入加熱約3～5分鐘，就可以去除異味哦！至於烤架上的油漬，同樣可以用熱檸檬水擦拭掉。

5去黴抗菌瀝水架：

碗盤瀝水架、洗菜盆的瀝水孔，長期處在潮濕狀況下，而容易滋黴菌。可以試著泡在煮過的檸檬皮水裡，再以軟刷輕刷後，以清水沖乾即可。

去除異味的妙用法

1手上異味：

洋蔥、蒜頭、九層塔、榴槤、海鮮等一經手，總會殘餘味道在手上。這時只要切點檸檬搓搓手，不清爽的味道就會消失。

2冰箱除臭劑：

檸檬對半切直接放入冰箱裡，直到檸檬味消失，即可丟掉。存放太多食物，不免味道雜陳，把榨汁後剩下的檸檬皮直接擺在冰箱層架上，便能吸附異味。

3排水孔異味：

將檸檬皮或柑橘皮加水煮沸，再將熱水緩緩倒入排水孔；連續幾天後，排水管的油垢會被溶解，臭味逐漸消失，也不易發生堵塞。

4垃圾桶惡臭：

垃圾桶常會散發異味，實在很難聞。這時將曬乾的檸檬皮放在垃圾桶底部，就能減輕臭味了。

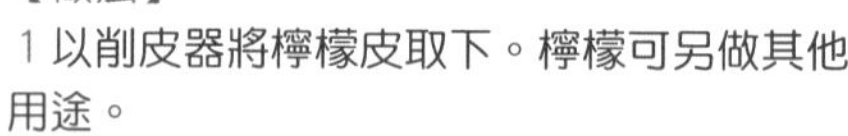

自製環保檸檬清潔劑

【材料】

檸檬6顆、75%的酒精400cc、玻璃瓶1個、噴瓶1個。

【做法】

1以削皮器將檸檬皮取下。檸檬可另做其他用途。

2將檸檬皮和酒精一起放入玻璃瓶中浸泡，酒精需淹過檸檬皮，然後蓋緊靜置3天。

3將檸檬酒精濾出，倒入噴瓶之中，就成為具有去污力的天然檸檬清潔劑。

【提醒】

（1）酒精請遠離火燭。如使用更高濃度的酒精，可將浸泡靜置期縮短為2天。

（2）檸檬酒精是很環保的清潔劑，用來清洗杯盤、刷洗臉盆或馬桶、清潔玻璃、擦拭木質家具都很好用。剩下的檸檬皮可曬乾，用絲襪包起來放入鞋櫃，就是最好的除臭劑。

清潔浴廁·乾淨沒異味

細菌、黴菌、水垢和肥皂垢，都是浴室清潔最棘手的問題，若是大樓式的有空調型的浴室還可聞到別間傳來的煙味，真是很難忍受，檸檬和小蘇打粉雙效合一，就能輕鬆解決。

去黴除菌

馬桶上看不見的細菌、牆壁磁磚發黑的黴菌，利用檸檬汁和小蘇打粉混合成泥狀，用刷子沾著刷洗，或是用檸檬汁和熱水以1：2調製，裝入噴瓶中，邊噴邊用不要的軟刷刷除，再以清水沖乾淨，再打開浴室抽風機直到壁面乾燥。

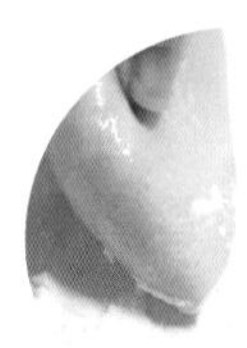

清除水垢

用榨汁過的檸檬皮沾粗鹽，當做菜瓜布直接刷洗浴缸和洗臉盆上的水垢；或用檸檬汁加小蘇打粉以1：2調成泥狀直接刷洗，會有煥然一新的清新感。

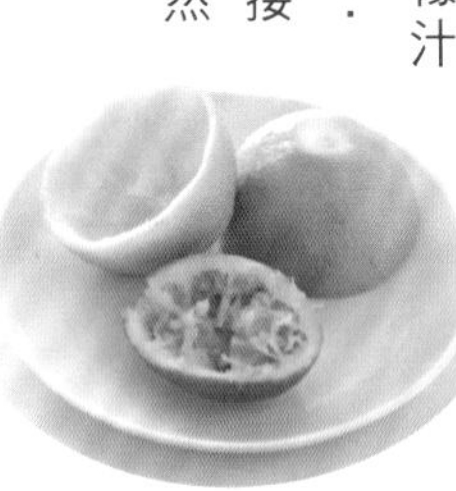

消除臭味

半顆新鮮的檸檬往浴室裡一擺，讓檸檬的清香去抵觸掉惱人的氣味吧！

清潔．殺菌．驅蟲．居家都安心

家中的客廳、臥房或是其它起居室，也是需要經常清理，尤其現在過敏問題愈趨於嚴重，環境的清潔就很重要了，檸檬天然、無毒的潔淨、除菌力能帶來居家清潔的安心，也能為環保多盡一份心力。

處理地板

1木質、大理石地板：用檸檬沾些食鹽，可清除難清除的污漬。清洗完需立即用清水擦拭，不要讓檸檬汁殘留其上，以免酸液會破壞地板。

2換掉漂白水拖地：家中有小孩，實在不放心用漂白水拖地。改用檸檬皮加水煮沸後，再加入2顆檸檬汁和2大匙小蘇打粉拌勻後用來拖地，不僅能殺菌，還帶有清香。

代替不自然的芳香劑

檸檬清香袋：家中的廚櫃，裝潢過後所留下的粉刷氣味，常會引起頭昏不適。試著將檸檬皮拿去烤香烘烤一下，再用紗布或小布袋裝起來，放在廚櫃四周，便能將異味吸附，達到淨化空氣的目的。衣服也會帶著清香。

檸檬皮磨碎後，也可用用布包掛起來放在冷氣出風口，就有芳香劑的效果。

驅逐害蟲

有些蟲、蟻很怕酸，所以可將檸檬汁噴在門框和窗邊上，或是加水來拖地，對於驅趕絕大多數的昆蟲和蟑螂也有效哦！

清除衣漬

檸檬水加上小蘇打粉用來浸泡衣物，有漂白的作用。而對付泛黃變色的衣物時，用檸檬汁加清水以1：1的比例來局部刷洗，同樣具有潔白的效果。

衣服沾到血跡時，可用檸檬汁加鹽巴塗抹局部至濕透，然後以流動的冷水沖洗，痕跡就會變淡。

美容保養，神奇妙用多！

4500 年前的巴比倫王國，貴族婦女已將檸檬汁運用在美容上。檸檬的維他命 C 有強大的抗氧化效果，有助皮膚白皙嫩彈，在烏黑亮麗下的臉龐是擁有明眸皓齒的光澤，讓人由內而外的自然散發出美麗、健康。

一天一杯檸檬汁可以提升記憶力，也能使身形保持輕盈，是生活中隨手可得的水果。除了新鮮檸檬汁和自製檸檬冰塊以外，檸檬精油也是護膚美容聖品，但須確認所購買的精油純正天然。

舒壓芳香浴。美白X加速代謝

疲累了一天，晚上回到家，讓自己享用檸檬芳香浴吧！除了放鬆身心，還能幫助肌膚白皙，延緩老化。

【做法】

1 把榨汁過的檸檬皮收集起來，用密封保鮮盒盛裝放入冰箱冷藏，泡澡時取出幾個放進浴缸，就能享受「檸檬美白芳香浴」。

2 格外疲憊或覺得快感冒時，除了多放幾個檸檬皮之外，還可額外增加 2 大匙海鹽，邊泡澡邊按摩身體，促進血液循環。

TIPS

泡澡水溫以攝氏 38 至 40 度最理想，水量高度到達腰部即可，不宜高過心臟，時間以 15 分鐘為宜。

檸檬優酪乳美白面膜

【材料】

優酪乳 15g、檸檬冰塊 2 顆、麵粉 10g。

【做法】

1 檸檬冰塊放於室溫下融解成泥狀，備用。

2 麵粉與優酪乳先調和，再加入檸檬泥，調勻。

3 使用時，需避開眼部與唇部，10~15 分鐘即可用溫水洗淨。

適用功效 除皺淡斑，美白，提高光彩度。

【提醒】

所有的柑橘類的皮都具有「光毒性」，紫外線會使它變質，皮膚會吸收陽光而變黑。所以一定要確實的清洗乾淨，以免反黑。另外，檸檬屬酸性，對部分敏感膚質有刺激性。如果敷上去有刺痛感，要是要立即清洗掉。

小黃瓜蛋白面膜

【材料】

檸檬冰塊 2 顆，小黃瓜 1 條，蛋白 1 顆，蜂蜜 1 大匙，麵粉 10g

【做法】

1 將小黃瓜磨成泥狀。檸檬冰塊於室溫下融解成泥狀，備用。

2 取蛋白與蜂蜜先調勻，再加入麵粉調勻。

3 將小黃瓜泥與檸檬汁加入，拌勻後，即可直接敷臉。

4 需避開眼部分唇部，待乾後可用濕毛巾擦拭，再洗乾淨。

適用功效

能緊緻皮膚，去除小皺紋，控油兼美白。

✤保護頭皮．柔亮髮絲

榨汁後的檸檬汁與水以 1:3 的比例調和，用來沖洗髮絲，能平衡酸鹼抑制頭皮屑，使頭髮恢復光澤度。

自製護髮水配方

1 如果頭皮屑很多，又不適合使用抗屑洗髮精時，不妨購買中性洗髮精，擠在掌心後，加 1/2 小匙的檸檬汁調勻。依洗髮程序完成，一段時間後，頭皮屑便會減少。

2 以調和的檸檬水輕輕按摩頭皮和髮絲，再以清水沖洗乾淨，這樣會讓頭髮看起來蓬鬆，而且髮色烏黑亮麗。

✤護理美甲、延緩手足老化

小腿是人體的第二個心臟，然而它也承受人體所有的重量，壓力不小，很容易水腫。而往往不經易透露女人年齡的秘密竟然是雙手的肌膚。利用溫檸檬水來浸泡我們的雙足和雙手，泡個10分鐘即能緩和、放鬆及使美甲更加明亮、紅潤。

手足浴

【材料】

檸檬 1 顆，溫熱開水 1 大杯。

【做法】

1 檸檬洗淨，連皮切成小塊，加 1 杯水打汁。

2 將整顆檸檬汁倒入泡腳盆的熱水中，攪拌均勻即可開始泡腳。

3 檸檬取半顆榨汁，放入一小盆溫水中。

4 將十指浸入溫檸檬水 10 分鐘，同時用檸檬皮擦拭指甲和指緣。

【提醒】

1. 泡腳的水溫以攝氏 40 度左右最合適，水量高度建議從腳踝開始，習慣後可到達小腿肚，時間以 15-20 分鐘為宜，在睡前 30 至 60 分時泡腳，有助於放鬆壓力哦！

2. 務必用清水將手、足沖乾淨以免檸檬汁殘留。

消炎殺菌漱口水

喉嚨發炎、牙齦腫脹，或因火氣大而口臭時，可以試看看檸檬汁，檸檬汁能殺死口腔中的細菌，帶來清新的口氣，減緩牙齦出血。

【材料】

檸檬冰塊 1 顆、溫開水 50cc。

【做法】

將檸檬冰塊加入溫開水中，融化後攪拌均勻即可。

【提醒】

1. 由於檸檬原汁加冷開水無法久存，建議以檸檬冰塊來製作漱口水，而且最好每次做就立即用完。

2. 漱完檸檬水後，幾分鐘內一定要用清水再漱一次，以免過多的酸性會傷害牙齒。

人氣最夯！
三種檸檬醃漬法！

天天有檸檬水喝，是何等幸福的事。現在還要教你進階版的功夫，可蜜釀，可鹽漬，可醋泡，讓檸檬水更富變化喔！

蜜釀檸檬

【功效】能美白肌膚，排毒纖體，預防心血管疾病，提升免疫力。

【材料】檸檬 10 顆、蜂蜜適量、廣口附蓋玻璃容器 1 個、中型玻璃保鮮盒 1 個、玻璃瓶 1 個。

【做法】

1. 將廣口玻璃容器、玻璃保鮮盒、玻璃瓶等洗淨、燙過、烘乾。
2. 將檸檬徹底洗淨並擦乾，切成 0.5 公分左右的檸檬片，稍微留意一顆檸檬約可切成幾片。
3. 將第 1 層檸檬片鋪滿容器底部，均勻淋上蜂蜜，須確認蜂蜜覆蓋了所有檸檬片；再鋪第 2 層檸檬片，然後淋上蜂蜜，以此類推。
4. 加蓋密封，放進冰箱冷藏 2 天。
5. 第 3 天使用時，以乾燥的夾子或筷子取出檸檬片，每天取用自製的檸檬片和蜂蜜汁，一起以溫開水沖泡飲用。

1. 第 3 天後可將檸檬片和蜂蜜汁分開存放，以避免繼續醃漬下去，檸檬片會變苦。
2. 每個人選擇的廣口容器大小不一，蜂蜜用量較難估計，請以「所有檸檬片都浸泡在蜂蜜中」為標準。

TIPS

蜜釀檸檬，這樣吃最棒！

覺得火氣大，嘴巴苦澀或有異味時，不妨取 1、2 片蜜釀檸檬片慢慢咀嚼。或以

每次取 4 片蜜釀檸檬，以及 2 小匙蜂蜜汁，注入 250cc 的溫開水，保證人人會迷上「蜜釀檸檬汁」。

TIPS

蜜釀檸檬保存法

蜜釀檸檬必須放在冰箱冷藏，大約可保存 3 個月。每次取用時，須注意筷子是乾燥的，不可讓水分進入，否則很快就會壞掉。建議在玻璃保鮮盒上標註製作日期，才能確知保存期限。

鹽漬檸檬

【功效】減少鹽的攝取量，可提升免疫力，治癒久咳。

【材料】檸檬 10 顆、海鹽適量、廣口附蓋玻璃容器 1 個。

【做法】

1. 備好清潔過的玻璃瓶，將檸檬用粗鹽先搓過。
2. 將檸檬徹底洗淨並擦乾，切成 0.5 公分左右的檸檬片。
3. 將第 1 層檸檬片鋪滿容器底部，均勻撒上海鹽；再鋪第 2 層檸檬片，然後撒上海鹽，以此類推。
4. 加蓋密封，放進冰箱冷藏 1 週，每天搖晃容器 2 次，讓檸檬片和海鹽充分接觸，第 8 天起即可取用。

1. 鹽漬檸檬可搭配不同食物來吃，有了鹽漬檸檬就不必再添加鹽。
2. 覺得感冒、喉嚨不舒服時，可取出 2、3 片鹽漬檸檬和少許鹹檸檬汁，沖泡熱水飲用。
3. 鹽漬檸檬必須放在冰箱中冷藏，大約可保存 6 個月，放得越久，風味越棒。取時，記得要保持乾燥。

TIPS

鹽漬檸檬，這樣吃最棒！

用鹽漬檸檬來取代加鹽，例如蒸魚時不放調味料，擺上 3 片鹽漬檸檬就夠了；或是煮鹹粥時不加鹽，改加 1 小匙鹹檸檬汁。如果要沖泡茶飲，建議取 2 片鹽漬檸檬片和 1/2 小匙鹹檸檬汁，注入 250cc 的熱開水，即成為「鹽漬檸檬茶湯」。

醋泡檸檬

【功效】保肝解毒，淨化血液，改善酸性體質，長期喝可以瘦身。

【材料】檸檬 3 斤（每斤約 5 至 6 顆）、冰糖 3 斤、糯米醋 3 斤、大型廣口附蓋玻璃容器 1 個。

【做法】

1. 將廣口玻璃容器洗淨、燙過、烘乾。
2. 將檸檬徹底洗淨並擦乾，切成 0.5 公分左右的檸檬片。
3. 將第 1 層檸檬片鋪滿容器底部，均勻撒上冰糖；再鋪第 2 層檸檬片，然後撒上冰糖，以此類推。
4. 最後倒入糯米醋，加蓋密封，放在陰涼處 3 個月後再開封，風味棒極了。

1. 冰糖如果置換為紅冰糖，醋的色澤會更漂亮。且在最後加入糯米醋，並給予檸檬 3 個月以上的發酵期。
2. 醋泡檸檬須放置在陰涼處，開啟後可保存 6 個月。發酵期間不可開封，而每次取用時，勺子必須保持乾燥，絕不能沾染到油或水。

TIPS

醋泡檸檬，這樣吃最棒！

準備一支專用的勺子，每天早、晚各取用醋泡檸檬 25cc，注入 250cc 的熱開水，就是健康的「檸檬醋飲料」。每星期至少吃一次醋泡檸檬料理，例如吃生菜沙拉不加醬汁，只淋上 1 匙醋泡檸檬；汆燙蝦子、章魚、軟絲時，沾醋泡檸檬超級對味喔！